木质纤维素的生物转化

刘同军　著

中国水利水电出版社
www.waterpub.com.cn

·北京·

内 容 提 要

在科学技术飞速发展的 21 世纪，全世界都在追求经济的迅猛发展，人类的生活水平不断提高，社会也越加富裕，但是随之而来的是全球范围内的资源短缺，特别是人们生活和生产赖以生存的重要能源。为了更好地保护自然生态环境，探索人类和地球和谐发展的共同途径，生物能源逐渐进入大众的视野。与一般的矿物能源不同，生物能源是利用生物质、水、无机物通过生物转化，可以再生的一种新式能源。与石油、煤相比，生物能源作为一种清洁燃料已慢慢地在人类的社会生产中占据重要地位。而木质纤维素是转化生物能源的最主要原料之一，研究其生物转化具有十分重要的现实意义。本书将目光重点放在木质纤维素的生物转化和水解上，具体内容包括生物能源和燃料乙醇的概述、木质纤维素的预处理、木质纤维素的酶水解和影响因素、水解液的基本知识等。

本书内容精炼、图文并茂，适合高等院校环境保护、生物化学等相关专业师生使用，也可供相关专业科研和服务行业人员参考。

图书在版编目（CIP）数据

木质纤维素的生物转化／刘同军著. -- 北京：中
国水利水电出版社，2018. 8（2024.8重印）
ISBN 978-7-5170-6799-3

Ⅰ.①木… Ⅱ.①刘… Ⅲ.①木纤维—纤维素—生物
降解—研究 Ⅳ.①TQ352.6

中国版本图书馆 CIP 数据核字（2018）第 202147 号

责任编辑：陈 洁　　　　封面设计：王 斌

书 名	木质纤维素的生物转化 MUZHI XIANWEISU DE SHENGWU ZHUANHUA	
作 者	刘同军 著	
出版发行	中国水利水电出版社 （北京市海淀区玉渊潭南路 1 号 D 座 100038） 网址：www. waterpub. com. cn E-mail：mchannel@ 263. net（万水） 　　　　sales@ waterpub. com. cn 电话：(010) 68367658（营销中心）、82562819（万水）	
经 售	全国各地新华书店和相关出版物销售网点	
排 版	北京万水电子信息有限公司	
印 刷	三河市元兴印务有限公司	
规 格	170mm×230mm　16 开本　12.25 印张　222 千字	
版 次	2018 年 10 月第 1 版　2024 年 8 月第 3 次印刷	
印 数	2001—2200册	
定 价	49.00 元	

前　言

当今社会的发展主要依赖以石油为主的化石资源，导致能源逐渐接近枯竭。同时，化石燃料的燃烧导致二氧化碳排放量不断增加，造成全球气候变暖。因此，开发新的可持续的绿色替代能源和资源已经成为世界各国的紧要任务。

木质纤维素是地球上最丰富的可再生性有机资源。对木质纤维素资源进行大规模的开发和利用，将其降解转化为液体燃料，不仅能够减缓石油等不可再生资源的消耗，降低我国对原油的过度依赖，有效地减缓温室效应，还能开拓新的经济增长点，加快经济发展方式转变，促进全球经济的可持续发展。木质纤维素资源生物转化的研究有着广阔的发展前景，具有巨大的战略意义和现实意义。

本书共7章，第1章阐述相关基础理论，包括生物质能源的概念、生物质能源的生产与转化、生物质能源的发展现状与前景、我国常见的生物能源等内容。第2章探析植物细胞壁，包括植物化学和植物细胞壁等内容。第3章讨论燃料乙醇，包括燃料乙醇的概念、燃料乙醇的生产工艺、一代燃料乙醇、二代燃料乙醇、燃料乙醇的发展前景及难点等内容。第4章讨论纤维素的预处理，包括化学法预处理木质素、物理法预处理木质素、物理化学综合法处理木质素、生物法处理木质素、有机溶剂法处理木质素、纤维素预处理反应器等内容。第5章探讨纤维素的酶水解，包括纤维素酶、半纤维素酶、漆酶、木质纤维素酶水解的影响因素，木质素水解对纤维生物转化的影响等内容。第6章探讨水解液，包括水解液的概念、水解液的发酵、水解液的转化、水解液的中和等内容。第7章探析木质纤维素预处理过程中抑制物的形成及降低其毒性的策略，首先进行了简单的理论介绍，之后讨论了预处理、原料成分和副产物形成、抑制效应、抑制的消除策略等内容，最后进行了总结。

　　本书在撰写的过程中，得到了许多专家学者的帮助和指导，尤其是得到了作者所在的齐鲁工业大学生物工程学院生物基产品研究室师生的大力协助。在此特表示真诚的感谢。本书参考了大量的相关学术文献，内容系统全面，力求论述条理清晰、深入浅出、翔实，但因作者水平有限，虽经多次修改，但书中仍难免疏漏之处，希望广大同行及读者予以批评指正。

作者

2018 年 4 月

目　录

第 1 章　概述

第1章　概述

人类已进入生态文明的新时代。随着新时代前进的步伐，新能源方兴未艾。简而言之，所谓"新能源"指一切新出现的能源形式。当然，不同种类的新能源，有不同的概念。例如：清洁能源——这种能源方式不会排放对环境有害的物质；可再生能源——用来产生这种能源的原料是可再生的。

在可再生能源中，生物质能源受到广泛的、高度的重视，近年来几乎聚焦了世界的目光。这是因为：一方面，生物质能具有多种优越性；另一方面，生物质能资源极为丰富，价格低廉。发展生物质能源，既开拓改善了我国能源结构的广阔新路径，又开辟了农业可持续发展的战略道路。

1.1　生物质能源的概念及特点

1.1.1　生物质能源的概念

生物能源，既不同于常规的化石能源，又有别于其他新能源，兼有两者的特点和优势，是人类最主要的可再生能源之一。生物能源是指通过生物的活动，将生物质、水或其他无机物转化为沼气、氢气等可燃气体或乙醇、油脂类可燃液体为载体的可再生能源。

生物质能属于新能源范畴。它是指以生物质为来源的各种形式的可再生能源。生物质是由生物体所产生的有机物质，包括植物、动物及其排泄物、垃圾及有机废水等几大类组成。关于生物质能的概念有多种，这里列举三种：①以含淀粉丰富的农作物或有机废物做原料加工生产的再生能源；②以生物质为载体，将太阳能以化学能的形式储存在生物质中的能量形式；③以农业、林业产品和加工废弃物，以及工业废水与生活垃圾等为原料生产的能源。以上三种表述的方式不同，但实质相通。生物质能源直接或间接地来源于绿色植物的光合作用，可转化成常规的固态、液态和气态燃料。从广义上讲，生物质是植物通过光合作用生成的有机物。据生物学家估算，地球上每年生长的生物质能的总量约为 1400 亿~1800 亿 t（干重），相当于目前总耗能量的 10 倍，而迄今生物质能作为能源的利用量还不到它的总量的 1%。考虑到自然条件下光合作用的转化率较低，按全年平均计算约为太阳全部辐射能的 0.5%~2.5%，若在提供理想环境条件下，光合作用的最高效率可达 8%~15%。因此，生物质能源的开发及其利用的潜力是极为巨大的。一般而言，生物质都可以作为生产生物质能的原料，但是必须具有可获得性和商业价值性，即兼具自然属性和经济属性。生物质能源亦称可再生能源，包括战略性产品生物燃料、生物动力、生物热等。

1.1.2　生物质能源的特点

生物质是指通过光合作用而形成的各种有机体，包括所有的动植物和微生物。而所谓生物质能（biomass energy），就是太阳能以化学能形式储存在生物质中的能量形式，即以生物质为载体的能量。它直接或间接地来源于绿色植物的光合作用，可转化为常规的固态、液态和气态燃料，取之不尽、用之不竭，是一种可再生能源，同时也是唯一一种可再生的碳源。生物质能的原始能量来源于太阳，所以从广义上讲，生物质能是太阳能的一种表现形式。很多国家都在积极研究和开发利用生物质能。

一切有生命的可以生长的有机物质通称为生物质。它包括植物、动物和微生物。广义概念：生物质包括所有的植物、微生物以及以植物、微生物为食物的动物及其生产的废弃物。有代表性的生物质有农作物、农作物废弃物、木材、木材废弃物和动物粪便。狭义概念：生物质主要是指农林业生产过程中除粮食、果实以外的秸秆、树木等木质纤维素（简称木质素），农产品加工业下脚料，农林废弃物及畜牧业生产过程中的禽畜粪便和废弃物等物质。

生物质燃料的优越性如下：

（1）减少温室气体排放，从而减轻和防止污染，有利于环境保护。有关资料表明，使用生物燃料乙醇的车辆对环境的污染程度仅为使用汽油汽车的 1/3，被称为"清洁能源"。

（2）可再生，循环利用。不管是玉米燃料乙醇，还是甘蔗燃料乙醇，以及纤维素燃料乙醇，都是可以再生的生物燃料乙醇，被称为"再生能源"。

（3）转变和改善能源消费结构。它作为化石能源的重要替代品促使化石能源消费量减少，改变和优化能源消费结构，减轻生态环境恶化的压力。

（4）开发利用纤维素燃料乙醇，可开发利用边际土地种植林木或能源植物，产生取之不竭的生产生物燃料乙醇的原料，既不与人争粮，又不与粮争地，还可绿化大地，美化环境。

（5）增加农村新的经济增长点。包括开发和建立生物能源原料基地，收集和运输原料，以及其他服务业，将为繁荣农村经济和农民增加收入开辟多条新门路。综合以上所述，通过发展生物质能源，增加了农业的一项新功能，赋予了农业一个新概念：能源农业。

科技人员曾对几种生物燃料乙醇的主要技术经济指标进行了对比，其结果表明：利用纤维素生物燃料乙醇，在减少温室气体排放和能量输入产出比方面，都远远高于玉米和甘蔗燃料乙醇的效果。利用纤维素乙醇减少的温室气体排放量高达91%，同时依据生产方法不同，最高能量输入产出比可达36。与此相对照，玉米乙醇和甘蔗乙醇的温室气体减排的效果分别只是纤维素燃料乙醇的24%和62%，其能量输入产出比分别为1.3和8。数据对比，更坚定了大力开发和发展纤维素燃料乙醇的方向。

迄今，三类生物能源产品的生产技术日臻成熟，所替代的化石能源的数量逐步增加，对促进环保、改善民众生存环境发挥的作用日益巨大。这里必须再次强调指出的是，按照"不与人争粮、不与粮争地"的原则，要以大力发展后者为更佳选择。但当前，必须加强科技攻关，尽快解开纤维素燃料乙醇大规模商业化运用的关键难题。可以预言，随着这个世界性难题的解决，第二代生物燃料乙醇产业必将展现出日益广阔的发展前景。

1.2 生物质能源的生产与转化

1.2.1 生物质能源的生产

1. 绿色能源生产的必要环节

生物质能采取的是绿色生产（green production）方式。这是指以节能、降耗、减污为目标，以相应的管理和技术为手段，对工业生产全过程进行污染控制，使污染物的产生量最少化。绿色生产方式完全扭转了西方发达国家原先采用的先污染、后治理的"末端处理"方式，转化为以污染防范为主的污染控制战略。这种新战略被联合国环境规划署工业环境活动中心称为清洁生产战略。清洁生产是经济可持续发展的一个有力工具，也称为清洁工艺、绿色工艺、生态工艺等。直到 20 世纪 90 年代初，国际上逐步统一称为清洁生产，也称绿色生产。

这里特别强调，要以"双创"（大众创业、万众创新）特别是以科技创新为动力，把绿色能源生产提升到"绿色能源产业经济"或"低碳能源产业经济"的高度。即以减少温室气体排放为目标，构筑以低能耗、低污染为基础的产业经济发展体系，包括低碳能源系统、低碳技术和低碳产业体系。

加快发展生物质能源，应该抓好以下必要环节：一是大力抓好现有生物质资源的开发和合理利用，包括各类农作物秸秆和农产品加工副产物等；二是大力抓好新增生物质能源的资源基础，特别是开发利用"不与人争粮、不与粮争地"的新型能源资源；三是大力抓好包括液体、气体、固体等在内的生物质能源的生产和供应；四是大力抓好生物质开发利用生物质能源，使之成为替代化石能源的重要新能源。在目前的各类生物能源中，更多专家学者认为，生物燃料乙醇作为一种清洁无污染燃料，是未来能源产业经济发展的重要趋势之一。我国必须把它置于能源发展的战略地位，不失时机地加强科技攻关，以占领生物能源发展的制高点。

2. 绿色生产的综合措施

发展清洁（绿色）生产、低碳经济的全过程，必须做到"三个确保"：①确保采用的能源清洁及生产全程清洁。②确保生产的产品清洁，即无污染、符合质量标准。③确保充分开发各种资源，做到自然资源有效使用，短缺资源替代使用，废弃资源无害化后再使用。

实现清洁生产的途径，在于采取综合措施：①综合利用资源。包括综合利用原材料和能源等，开发二次资源，即把废渣、废气、废液"三废"材料变废为宝。②综合防止物料浪费。即对加工副产品进行无毒化处理，资源化再利用，既减少和避免资源损失，又生产出清洁产品。③创新研制新设备、新工艺。适应综合开发利用资源的需要，要创新研制和采用新设备和新工艺，以提高资源利用率、加工产出率和产品优质率。④调整和优化结构。通过革新和提升设计，调整和改善产品结构、产业结构，以形成新的绿色产业链、绿色产品链，以及绿色供应链。⑤采取综合改革管理措施。为加强污染防范及转变"末端处理"方式，必要措施就是改革管理和推广绿色生产方式，以逐步实现三个目标：有效削减二氧化碳排放强度，使其排放总量达到控制的水平；加快发展低碳能源和低碳技术，显著提高碳生产率；减少和避免污染排放。特别是通过"末端处理"、发展循环经济、源头预防和加强监管等措施，减少和防止"三废"的排放，减轻和避免对人类和环境的风险。

与绿色生产方式相对应，还必须采取绿色生活方式，也称为低碳生活（low carbon life）方式。它要求人类在各种生活行为中从自己做起，从生活细节做起，从点滴入手。例如，在日常生活中，注重节电、节水、节油、节气等，不铺张、不浪费、不参与过度消费，多为环境"储值充值"，把能耗下降到最低程度，从而最大限度减低含碳物质的燃烧，特别是减少二氧化碳的排放量，进而减轻对大气的污染，减缓生态恶化，减小温室效应，保护生态环境。

1.2.2　生物质能源的转化

采用不同的技术手段对不同的生物质材料进行加工，可以得到不同形态的生物质能源。其中，可供选择的战略产品有三大类、五大品种。这三大类包括：第一类，液体生物燃料，包括生物燃料乙醇和生物柴油。像利用淀粉类、糖类和纤维类生物材料生产的多种产品，包括玉米燃料乙醇、"三薯"（甘薯、马铃薯和木薯）燃料乙醇和纤维素燃料乙醇，以及利用动物和植物油脂生产的生物柴油等。第二类，气体生物燃料，包括沼气、生物质汽化、生物质制氢和沼气等。例如，在农村利用秸秆、粪便和其他材料转化生成的沼气，广泛应用于农户生活。第三类，固体生物燃料，主要包括成型燃料与"热电联产"产生的电力等。例如，把秸秆、林木废弃物等生物质固化为成型燃料，再进一步直接燃烧发电转化生成电能，或利用生物质汽化生成燃气燃烧发出电能。

中国生物质能资源丰富，品种多样。包括资源丰厚的"三柴"等相关农产品，以及取之不竭的秸秆和薪炭林、农产品加工废弃物等。据估算，目前全国每年农作物秸秆年产量多达9亿多t，可利用的占50%以上。通过工业化加工，可以生产出数量可观的清洁能源，其经济社会生态效应非常可观。

从中国的丰富资源和借鉴国外经验出发，中国适宜发展的生物质能源有五大战略产品，即燃料乙醇、成型燃料、工业沼气、生物塑料和生物柴油。中国生产燃料乙醇的资源十分丰富，在研究提高其商业化价值之后，它是发展生物质能源的首选产品，是等待开辟和建设的巨大无比的"绿色油田"。实际上，中国发展生物质能源这一新兴产业的起步，并不比美欧国家的时间晚。但是，目前在基础工作、国家和企业的推进力度方面，以及提出的发展指标和速度上差距正在拉大。鉴于此，国家应尽快从政策上引导、从措施上支持、从改革上增强动力，以促进发展生物质能源，特别是要加大支持科技创新的强度和力度。

中国已经开发出多种固定床和流化床气化炉，以秸秆、木屑、稻壳、树枝为原料生产燃气。2006 年，用于木材和农副产品烘干的有 800 多台，村镇级秸秆气化集中供气系统近 600 处，年生产生物质燃气 2000 万 m^3。

中国政府及有关部门对生物质能源利用也极为重视，已连续在四个国家五年计划中将生物质能利用技术的研究与应用列为重点科技攻关项目，开展了生物质能利用技术的研究与开发，如户用沼气池、节柴炕灶、薪炭林、大中型沼气工程、生物质压块成型、气化与气化发电、生物质液体燃料等，取得了多项优秀成果。政策方面，2005 年 2 月 28 日，第十届全国人民代表大会常务委员会第十四次会议通过了《中华人民共和国可再生能源法》，2006 年 1 月 1 日起已经正式实施，并于 2006 年陆续出台了相应的配套措施。这表明中国政府已在法律上明确了可再生能源包括生物质能在现代能源中的地位，并在政策上给予了巨大优惠支持。因此，中国生物质能发展前景和投资前景极为广阔。

中国在生物质能源方面，目前主要是雅津甜高粱秸秆和籽粒加工乙醇、渣加工颗粒燃料作为替代煤炭的可再生能源。

1.3　生物质能源的发展现状与前景

多年来，一段著名讲话一再被广泛引用："如果你控制了石油，你就控制住了所有国家；如果你控制了粮食，你就控制住了所有的人；如果你控制了货币，你就控制住了整个世界。"假若广义地把粮食也视为能源，那么就更加表明，能源对于人类生存与生计、变革与变迁是无比重要和必要的，现代能源产业与现代人类社会经济更加息息相关。正由这种关系决定，在社会经济迈向现代化的不断变革和变迁进程中，能源产业经济也相应不断出现新情况、新挑战与发展新趋势。

1.3.1　我国与世界能源局势

从国际发展现状看，生物质能源已成为重要的新能源，其技术成熟、应用广泛，被称为第四大能源，成为国际能源转型的重要力量。其主要产品包括生物质能源、生物质成型燃料、生物质燃气、生物液体燃料等。

目前，生物质能源呈现如下发展趋势：一是生物质能多元化分布式应用成为世界上生物质能源较发达国家的共同特征。二是生物天然气和成型燃料供热技术和商业化运作模式已达到基本成熟的水平，并逐渐成为生物质能源的重要发展方向。三是生物质供热的空间不断向中、小城市和城镇扩大。四是生物液体燃料向生物基化工产业延伸，技术路线和发展重点向非粮生物质资源的多元化生物炼制产业发展，形成燃料乙醇、混合醇、生物柴油等多种重要能源替代产品，并不断扩展航空燃料、化工基础原料等应用领域。

我国目前的生物质能主要是在农村经济中利用，所以农村未来能源需求和消耗情况对生物质能的开发利用量影响很大，有关资料对我国农村今后能源使用情况作了预测，这个指标可以较大程度上反映我国今后生物质能消耗的趋势。它的预测分两种：第一种是常规方案预测，即建立在现时生物质能发展情况的基础之上的预测，其结果是各时段（2000 年、2010年、2030 年、2050 年）的生物质利用量的增长速度分别为 8.9%、7.7%、8.0%、3.6%；第二种是加强方案预测，即以突出强调生物质能对化石能源的替代为依据的预测，其结果是各时段的发展速度分别为 9.6%、8.0%、7.4%、4.5%。

当今，全球能源格局面临着新形势和新趋势：能源供求关系和定价机制不断变革；近年来能源价格持续低迷；需求导向全球能源结构不断转变；能源产品的金融属性凸显，对全球金融市场产生深远影响。在这种新趋势下世界能源面临着值得关注的"五化"新特点：①世界一次能源消费量呈稳增化。迄今，一次能源还是世界的主要能源，其消费量仍然稳定增长。这是世界经济继续发展和人口增长的必然和使然，但增幅有所降低，是可喜变化。②世界能源消费呈差别化。经济发达国家在进入后工业化社会后，经济向低能耗、高产出的产业结构发展，能源消费增长速率明显低于发展中国家。③世界能源消费结构趋优质化。为应对全球环境危机，绿色能源消费量迅增，促进能源消费结构趋优化，但不同地区差异明显。④世界能源资源争夺激烈化。虽然世界能源资源数量仍比较丰富，但伴随能源消费的持续增长和能源资源分布集中度的增大，对能源资源的争夺日趋激烈化，争夺的方式也更加复杂化。⑤加强对化石能源消费危害治理措施的制度化。鉴于化石能源消费对环境造成的污染和对全球气候的负面影响日趋严重，各国都注重建立制度，以有效应对。综合上述，世界能源供应和消费将继续向多元化、清洁化、高效化、全球化和市场化趋势发展。

1.3.2　我国展望

研究和制定一个科学的、中国生物能源发展方略，是攸关其发展的根本性、全局性、长远性大事，也是攸关其进退、兴衰的根本性命运。因此，从"顶层设计"的高度出发，拥抱新时代、勇踏新征程、引领新常态、把握新理念、制定生物能源发展方略，是贯彻落实"五位一体"建设总布局，还自然以宁静、和谐、美丽的客观需要和必要措施。

1. 以科学思维方式制定科学发展方略

谋划中国生物能源的发展方略，必须运用科学思维方式。包括运用宏大的战略思维、严密的辩证思维、强烈的创新思维、整体的系统思维、清醒的底线思维和规范的法治思维。战略思维谋全局，辩证思维增智慧，创新思维强动力，系统思维聚合力，底线思维定边界，法治思维强保障。

基于战略思维，在当今竞争激烈的市场经济时代，要振兴中国生物能源产业，惟有创新方能进，惟有创新方能强，惟有创新方能者胜。必须在战略上判断得准确、谋划得科学，才能赢得战略主动。要进行科学谋划，必须做到：在时间维度上进行长远考虑，在空间维度上进行全局谋划，在系统维度上进行整体布局，跳出局部从整体上布局各个阶段、各个部分的发展，努力占据发展的制高点，从整体上把握生物能源产业的发展趋势和方向，发展重点和关键。还要遵循客观规律，驾驭生物能源的战略发展步骤，稳中求进，持续、健康发展。

基于系统思维，要把发展生物能源产业当作一个系统工程。系统是由相互联系、相互作用和相互依赖的若干要素结合而成的具有特定功能的有机整体。基于系统的理念，要注重生物能源新产业的整体性、层次结构性，以及动态平衡性、开放性和时序性等特征。在制定我国生物能源发展方略中，必须深刻认识和把握：它既是一项涉及多部门、多领域、多学科、多层次的系统工程；又是一项关系整个国民经济改革和发展、经济体制和运行机制的重大改革；还是攸关生产、流通和专业化服务的创新工程，以及深刻涉及经济发展方式和民众生活方式的一场大变革。

基于创新思维，对作为新能源的生物能源，必须以创新为强大动力，进行新谋划，确立新思路，实施新调整，建立新结构，开创新产业，提升新水平。在当今竞争激烈的市场经济时代，要振兴中国生物能源产业，更要把创新摆在国家发展生物能源全局的核心位置。大量实践表明：惟有创新方能进，惟有创新方能强，惟有创新方能胜；要把理论创新、制度创新、科技创新、文化创新等各方面的创新，贯穿到生物能源发展的全过程。尤其是，当前我国能源产业进入转型升级的关键期，面临着从结构到技术、从管理到体制机制的一系列重大挑战，应对挑战的根本举措和动力就是勇于能源科技创新。

基于底线思维，就是要有居安思危的忧患意识，要树立问题意识、危机意识、效果意识和边界意识，正视问题和挑战。当前，要正视能源安全和环境保护面临的问题。自世界工业革命以来，化石能源过度的消费导致全球气候变暖，严重自然灾害频仍，普遍性面源污染，对各国各地区构成了严峻挑战，成为全球必须共同应对的时代性大课题。要在这个大局面前，人类成为命运共同体，必须协同应对，趋利避害，有守有为，努力争取最好结果。底线思维蕴含着积极有为的态度，要求人们积极寻求合适的方法，推动目标尽快实现；牢牢掌握主动权，努力争取成功地通达顶线。

总之，基于科学思维方式，制定中国生物能源的科学发展方略，必须包含以下主要内容包括：确立正确发展战略；择取科学发展路径；转变发展方式；创新体制机制；强化保障机制。

2. 我国生物能源的发展规划

国家能源局于 2016 年 10 月制定的《中国生物质能发展"十三五"规划》（以下简称《规划》），阐明了我国生物质能产业发展的指导思想、基本原则、发展目标、发展布局和建设重点，提出了保障措施，是"十三五"时期我国生物质能产业发展的基本依据。

（1）指导思想。发展生物能源的指导思想。坚持中央关于经济工作一贯的指导方针，坚持创新、协调、绿色、开放、共享的发展理念，紧紧围绕能源生产和消费革命，主动适应经济发展新常态，按照全面建成小康社会的战略目标，把生物质能作为优化能源结构、改善生态环境、发展循环经济的重要内容，立足于分布式开发利用，扩大市场规模，加快技术进步，完善产业体系，加强政策支持，推进生物质能规模化、专业化、产业化和多元化发展，促进新型城镇化和生态文明建设。

（2）基本原则。在"十三五"期间，我国发展生物质能源的基本原则包括：①坚持分布式开发。根据资源条件做好规划，确定项目布局，因地制宜确定适应资源条件的项目规模，形成就近收集资源、就近加工转化、就近消费的分布式开发利用模式，提高生物质能利用效率。②坚持用户侧替代。发挥生物质布局灵活、产品多样的优势，大力推进生物质冷热电多联产、生物质锅炉、生物质与其他清洁能源互补系统等在当地用户侧直接替代燃煤，提升用户侧能源系统效率，有效应对大气污染。③坚持环保。将生物质能开发利用环保体系，通过有机废弃物的大规模能源化利用，加强主动型源头污染防治，直接减少秸秆露天焚烧、畜禽粪便污染排放，减轻对水、土、气的污染，建立生物质能开发利用与环保相互促进机制。④坚持梯级利用。立足于多种资源和多样化用能需求，开发形成电、气、热、燃料等多元化产品，加快非电领域应用，推进生物质能循环梯级利用，构建生物质能多联产循环经济。

（3）主要目标。发展生物质能源的主要目标。到 2020 年，我国生物质能源基本实现商业化和规模化利用。生物质能年利用量约 5800 万 t 标准煤。生物质发电总装机容量达到 1500 万 kW，年发电量 900 亿 kWh 时，其中农林生物质直燃发电 700 万 kW，城镇生活垃圾焚烧发电 750 万 kW，沼气发电 50 万 kW；生物天然气年利用量 80 亿 m^3；生物液体燃料年利用量 600 万 t；生物质成型燃料年利用量 3000 万 t。

（4）实现车用乙醇汽油全覆盖。迄今，我国生物燃料乙醇年消费量近 269 万 t，产业规模居世界第三位。全国已有 11 省（区）全面试点推广乙醇汽油，其消费量已占同期全国汽油消费总量的 1/5。在我国进入建设生态文明的新时代，党和政府加大了生物燃料、特别是生物液体燃料的推广力度。2017 年 9 月初，国家发展和改革委员会、国家能源局、财政部等 15 部委联合印发了《关于扩大生物燃料乙醇生产和推广使用车用乙醇汽油的实施方案》。根据这一方案，到 2020 年，在全国范围内基本实现车用乙醇汽油全覆盖。到 2025 年，力争纤维素燃料乙醇实现规模化生产，先进生物液体燃料技术、装备和产业整体达到国际领先水平，形成更加完善的市场化运行机制。按照 15 部委的联合实施方案，我国将全面推广 E10 乙醇汽油，也就是在汽油中加入 10% 的变性燃料乙醇，配合成环保汽油。到 2020 年我国生物燃料乙醇的年利用量将达到 1000 万 t，乙醇汽油的使用将基本覆盖全国。

根据最新官方数据，截至 2015 年底，我国燃料乙醇由 7 家定点企业生产，合计产能约 249 万 t，这些企业大多是以玉米和木薯为原料生产"1 代""1.5 代"燃料乙醇。随后在国家政策的鼓励和扶持下，我国燃料乙醇产业快速扩大。目前在建和规划中的新增产能合计约为 160 万 t，并且在新建产能中不再主要以粮食为原料的一代燃料乙醇，均向着以木薯和纤维素为原料的方向发展。2016 年，我国汽油消费量约为 1.2 亿 t，当含乙醇 10% 的车用乙醇实现完全覆盖时，总需求量约为 1200 万 t，仍有 800 万 t 的供需缺口。可以预料，未来若干年内是燃料乙醇产能建设密集期，且主要向二代燃料乙醇发展。

这次出台的实施方案，是我国政府根据全国玉米供需新形势采取的一项重大措施。一直以来，我国从确保粮食安全的战略思想出发，不断调整燃料乙醇发展政策：①2007 年，为保障国家粮食安全，国家收回玉米燃料乙醇项目审批权，不再新增玉米燃料乙醇产能。②2008 年，国家对东北三省和内蒙古东部地区实行玉米临时收储政策，以保护农民生产积极性。③2016 年，实施玉米收储制度改革，取消东北地区玉米临时收储政策，代之以实行"市场收购+补贴"的新机制。④2017 年，中央决定适当扩大东北地区燃料乙醇生产规模，研究布局新生产基地。

3. 科学发展方略的丰富内涵

能源足，经济兴，国力盛。面对中国能源消费持续快速增长、国际能源市场竞争激烈，以及低碳经济时代正大步走来的新形势，中国必须高瞻远瞩，高屋建瓴，从顶层设计出发，赋予生物能源产业经济以丰富内涵：①以"绿"为核心。发展绿色能源，促进绿色产业，发展绿色经济。②以"新"为动力。强化创新，建立新结构、新体制、新机制、新体系。③以"技"为关键。推动科技革命，技术领先，占领制高点。④以"转"为主线。大力推进以"供给侧"结构性改革为主线，推动能源转型升级，转变发展方式，转变消耗结构。⑤以"安"为目标。从国家安全战略出发，建立能源风险防范体系，确保国家能源安全。

（1）遵循发展新思路。基于能源需求庞大性和能源资源稀缺性的矛盾，以及基于对化石能源的过分依赖度和伴生的环境污染的严重度，必须认知和确立振兴生物能源产业经济的战略地位。它是贯彻落实"五位一体"建设方略、"五大新发展理念"的必要途径，也是应对和消除气候变暖、治理和保护生态环境的必要举措，还是增强经济发展新动能，促进产业提质增效的必要方式。制定国家经济社会发展规划和能源产业经济发展规划，必须把发展生物质能源作为重要战略内容和战略重点。尽管迄今生物质能源在中国乃至在世界能源消费结构中所占的比例都还有限，化石能源的主体地位在可以预见的未来也还是难以根本转变。但是，必须在发展战略上把发展生物质能源作为替代化石能源的重要新能源产品。

战略地位决定战略思路。在发展生物质能源的过程中，要始终注重遵循发展新思路，即给发展能源产业注入现代文明，做到"五坚持"：一是坚持为"三农"谋利的战略原则，工农结为一体，振兴生物能源，点燃农村经济新增长点。二是坚持确保国家粮食安全的基本方针，在坚持"不与人争粮，不与粮争地"的政策下，适量利用玉米的粮食作物发展生物能源产品，并且对玉米资源进行综合开发利用。三是坚持可持续发展的道路，生态举步先行，推进低碳经济革命，有效保护生态环境，致力于建设"两型社会"。四是坚持统筹兼顾、因地制宜的策略，多元开发，突出重点，务求实效。五是坚持自主创新，包括创新生物能源发展理念、发展方式、流通方式，以及创新生活方式。

从这些新思路出发，要切实做到以下"六个加快"：加快建设以低碳为特征的工业、农业、建筑业和交通运输体系；加快能源结构转变和转型，促进生产和消费结构优化；加快发展生物能源，促进可持续发展；加快传统能源的开发、生产利用技术转变为现代开发、生产利用技术；加快推进生物能源运行市场化，健全完善生物能源营销市场体系，以及加快形成低碳生活方式和低碳消费模式。

（2）遵循发展新途径。方向决定道路，方向正确，事业就会从胜利走向胜利；方向偏差，事业就会陷入倒退。只有沿着正确方向奋力前行，才能把振兴中国生物能源的愿望变成现实。由中国自然资源、市场需求、科技水平等各种条件决定，中国发展生物质能源的方向应该集中于"三农"，即面向广阔的农村、众多的农民和博大的农业，面向大力开发尚在沉睡中的宝贵资源，或者说至今还在粗放化利用、导致严重浪费的自然资源。包括边际性土地、能源林木、农作物秸秆及农产品加工副产物等。变粗放化为集约化利用的基本途径在于，以现代科技、特别是现代生物科技为武器，把取之不尽、用之不竭的生物材料无害化、资源化，转化为各种生物能源产品。在多种多样的生物能源产品中，中国的最佳技术路线应该是发展液体生物燃料，即选择生物燃料乙醇和生物柴油作为最重要的战略产品。其中，又以纤维素燃料乙醇为重中之重的产品。实施这一最佳技术路线必须夯实原料基础，主要包括：一是大力开发广袤的、还在沉睡中的边际土地，种植能源林木，建立纤维素燃料乙醇的稳定的原料基地。二是尽量利用部分农作物秸秆和农业加工副产物，建立稳定的供应渠道。开辟以上两条广阔的途径，就可以开发和增产取之不尽的生产生物燃料乙醇的原料。

在狠抓生物能源重点战略产品中，要选择三条战略途径：

第一，积极拓宽解决农村能源的途径。农村能源是一个短板，必须要因地制宜，多能互补，积极探索和拓宽解决农村能源的途径。这里强调提出三种具有普遍意义的重点生物能源产品：一种产品是沼气。要普遍推广利用秸秆、粪便等原料发展生物气体燃料。要在全国农村继续推广"一池三改"（沼气池、改圈、改厕、改厨），扩大沼气产量。另一种产品是秸秆汽化。即利用先进技术把农作物秸秆汽化集中供气，或燃烧发电。第三种产品是生物材料成型燃料。即大力开发利用秸秆和森林废弃物压缩成型燃料，用于取暖和烧锅炉等用途，可以替代油、气和煤等燃料。

第二，适当发展粮食燃料乙醇。在坚持非粮生产生物燃料的基本方针下，适度开发利用玉米、木薯、甘薯和马铃薯等粮食原料生产燃料乙醇，既具有积极意义，又是可行的。这里特别提醒，甘薯、马铃薯和木薯等"三薯"也是粮食作物，其资源如同玉米资源一样，虽然数量丰富，但也是有限度的，而且还必须兼顾其他必要的用途。因此，对于发展以玉米、"三薯"为原料的燃料乙醇都必须加强宏观调控，坚持实行统筹兼顾的产业政策，稳步推进、适度发展，不可盲目乱上项目，避免出现"无米之炊"，酿成重复建设和浪费。

第三，以发展循环经济为动力。制备生物能源的原料大都是收集来的废油、植物油料和木本油料加工副产品。前者如大豆油、棉籽油、菜籽油等；后者如麻风树、黄连木、石栗树、甜高粱、蓖麻、漆树等，以及油茶子加工副产品。这些农产品加工副产物含有多种有用成分，通过采用循环经济的技术工艺和设备，对各种废弃物经过无害化处理使之资源化，进一步制备生物燃料。如此变废为宝，生产生物燃料的原料便会源源不断而来，也源源不断加工出市场需求的绿色生物能源。

（3）大力建好"绿色能源库"。为了形象而简明地表示出中国中长期生物能源经济发展的战略目标和重点领域，这里提出一个新名称，即建立"绿色生物能源库"。即把生物燃料乙醇、生物柴油、农村沼气、工业沼气、秸秆成型燃料等相关替代化石能源的生物能源统一包含在这个新能源库中。下面，对建立"绿色生物能源库"分别进行简述：①到2020年，中国生物燃料乙醇产量增长到6000万t，其中，玉米燃料乙醇占600万t；木薯、甘薯和木薯乙醇占1300万t；甜高粱乙醇占600万t；纤维素乙醇占3500万t。②2020年，中国生物柴油产量增长到500万t，其中，以木本油料生产的生物柴油产量占300万t；以废弃油生产的生物柴油产量占200万t。③2020年，中国沼气生产量达到300亿m^3，其中使用沼气农户达到9000万户；大中型养殖场沼气工程达到10000处。另外，还可根据条件积极发展沼气发酵集中供气工程。④2020年，城市生活垃圾污水净化沼气池达到25万个，生产沼气25亿m^3。据测算，我国城市垃圾量将不断增加，到2020年，城市垃圾量将达到2.1亿t。假如利用其中的60%生产沼气，就可实现上述目标。⑤2020年，中国秸秆致密成型燃料达到5000万t，其中颗粒状燃料1500万t，棒状燃料3500万t。此外，还要根据需要发展秸秆炭化加工工程。

以上各项生物能源产品按照相关系数折算，2015年，上述各种生物能源产品可替代6058.17万t标准煤。2020年，按照相关系数折算，上述各种生物能源产品可替代11012.1万t标准煤。不言而喻，这意味着减

"碳"量达到 5300 多万 t。这对改善和保护环境是巨大的贡献。

如果以形象的比喻方式解读：①假若把生物燃料乙醇和生物柴油比作"绿色油田"，2015 年，生物乙醇和柴油产量达到 3200 万 t，折合标准煤 3022.32 万 t；2020 年，生物乙醇和柴油产量达到 6500 万 t，折合标准煤 6190.35 万 t。②假若把农村沼气和工业沼气比作"绿色气田"，2015 年，生物气体燃料产量达到 21.5 亿 m^3，折合标准煤 1535.1 万；2020 年，生物气体燃料产量达到 325 亿 m^3，折合标准煤 2320.5 万 t。③假若把秸秆成型燃料比作"绿色煤田"，2015 年，成型燃料产量达到 3000 万 t，折合标准煤 1500.75 万 t。2020 年，成型燃料产量达到 5000.0 万 t，折合标准煤 2501.25 万 t。综合上数据，2015 年，生物能源可替代标准煤 6058 万 t；2020 年，生物能源可替代标准煤 11012 万 t。这意味着，到 2020 年，中国将把广袤的、不毛之地的边际土地变成郁郁葱葱的"绿色油田"；把粗放利用、甚至严重浪费的生物材料变成重要资源，建立起一座亿 t 级"绿色生物能源库"。

4. 加强创新驱动，强化科技攻关

振兴生物能源这个新兴产业经济，关键因素是，大力推进科技进步和加强创新驱动。为此，要推动科技和生物能源经济紧密结合，真正把创新驱动发展战略落到实处。发展新兴生物能源产业，技术的成熟性和经济的合算性是至关重要的两大关键因素。如前述，第一代生物燃料乙醇，即以粮食为原料的生物燃料成本高，威胁粮食安全，商业化推广受到局限。于是，当今世界上专家、企业家，乃至政治家们都把注意力聚焦到"第二代生物燃料乙醇"，即纤维素燃料乙醇上。然而，迄今在其进程中既存在技术上的难题，也遇到经济性问题，解决这两大难题的关键在于狠抓科技创新和攻关，占领科技制高点。通过科技自主创新，研发开发生物能源产业所急需的关键技术设备，研究取得高效纤维素酶菌株，攻破第二代生物燃料乙醇前进的难关，开辟其发展新前景。

（1）集中力量，攻克"瓶颈"。发展纤维素乙醇，生产的技术工艺更加复杂和更加有难度。它必须把植物中的纤维素、半纤维素转化为糖，然后再转化为醇，而更难转化的木质素必须进一步采用物理、化学方法脱除。这意味着，目前在原料处理过程中必须尽快攻克两个科技难题：一是，尽快研究制取出高效纤维素酶菌株；二是，研发出能够同时高效代谢戊糖和己糖的发酵菌株。尤其是第一个难题，是目前发展纤维素乙醇的"瓶颈"，严重制约了中外纤维素生物燃料乙醇的商业化进程。当前，只有集中优势力量，攻破这个世界性的难关，才能打通纤维素生物燃料发展的

道路。

此外，还必须大力提高和优化木质纤维素预处理技术。由于天然纤维素的结构复杂的特性，使其纤维素、半纤维素和木质素三者不能有效分离，加之，还伴随产生一些中间副产物，这些物质抑制酵母的生长和代谢，最终影响生产燃料乙醇的产出率。此外，由于纤维素乙醇成熟酿酒度较低，而纤维素乙醇废液的可利用价值又较低，故耗水量巨大造成成本较高。一般说，纤维素乙醇成熟酿酒度为 3%～4%，较高水平者可达到 6%，生产 1t 纤维素燃料乙醇需要消耗 30～60t 水，意味着产生几乎同样数量的废液，是目前技术比较先进的生产木薯燃料乙醇技术耗水量的 5～10 倍。要指出的是，纤维素乙醇废液的可利用价值较低，污水处理与木薯及玉米乙醇相比，处理成本要高得多。巨量耗水问题，是必须解决的另一个"瓶颈"问题。

（2）创造必要条件加强支持力度。如今，已形成普遍的共识，解决纤维素酶法生物转化的"瓶颈"问题是世界性的难题，已成为发展第二代生物燃料乙醇的绕不过去的"坎"。我国必须有力加强支持和扶持力度，攻下这个科技难关，占领技术制高点。当前，急需采取两项措施：

第一项是，加强组织机构建设。这是加强生物能源科学研究的组织保证。因此，要尽快建立和加强生物能源专业科研机构，即成立"国家生物能源经济技术研发中心"，作为隶属国家能源局的事业机构。该中心的主要职能是发挥"智库"作用：组织研究适合生物能源产业改革和发展规律的新体制新机制；组织研究生物能源资源优化配置的决定性手段与宏观调控的必要作用有机结合形式；组织研究生物能源产业的战略性、前瞻性和全局性的重大课题，特别是关键技术设备；组织研究生物能源领域的产品链、产业链、价值链、供应链等"四链"相互结合的产业化组织经营形式；要在吸收和消化国外研究成果和先进技术装备的基础上，大力开展自主集成创新，形成具有中国特色、符合本国需要的生物能源技术装备体系，为新兴的生物能源产业经济提供现代科技支撑，在国际竞争中取得领先地位。

第二项是，设立"生物能源专项科研经费"。这是加强生物能源科学研究的资金保证。由于生物能源产业是一项紧密涉及"三农"的、探索开拓性的新兴产业，因此加大国家财政对生物能源产业经济的先期投入，特别是对科学研究的支持是必不可少的，对其扶持应该实现财政化、制度化和机制化。鉴于此，国家公共财政应建立"生物能源专项科研经费"并列入预算中。这对支持、引导与保障关键技术装备的研发具有重大意义。当然，还必须创新生物能源产业科研的多元化投入和融资体制机制，特别是要鼓励、吸引民间资本流入和投入新兴生物能源产业，例如，采取必要措施，鼓励相关企业积极对发展生物能源增加科技投入。

（3）实施人才战略，造就高素质专业队伍。如同振兴任何一项新产业一样，振兴创业阶段的生物能源产业经济，人才是第一要素，需要对人才培养、吸引和使用作出重大的、宏观的、全局性构想与安排。其核心是根据本产业需要，培养人、吸引人、使用人、保护人、发掘人，即育才、识才、引才、用才和护才：造就生物能源产业经济所需要的复合型人才：具有积极进取、创新开拓精神；具有高度事业心和责任心；具有在激烈的竞争中有较强适应能力和创造能力；具有扎实丰厚的专业知识和科技知识；具有经营管理能力和协作交往能力。

根据贯彻落实"五位一体"建设方略和发展生物能源的需要，以能源产业结构调整为导向，通过多条途径、多种形式培养造就专门人才，包括：①充分发挥高校和科研机构的优势，调整和创建生物能源新学科，建立专业人才培养和培育基地；②相关企业按照自身需要，以多种形式加强人才引进和培训，形成企业专业技术队伍；③建立"产、学、研"相结合的专业人才培养、利用机制，加速出成果和出人才；④加强人才流动，包括专业人才从其他产业、从经济发达地区、以及从其他科研部门流入生物能源领域；⑤加强国际生物能源科技合作，引进本国需要的高新技术和专门人才。通过多项切实措施，培育和造就一支符合上述标准的、高素质的、雄厚的生物能源产业经济的科研技术力量，形成多种资源开发、新技术和新装备研发、新产品质量检测、各类企业经营等门类齐全的专业技术队伍结构。造就出一支世界一流的生物能源专业队伍之日，就是中国生物能源振兴之时。

5. 勇于探索，创新市场营运体系

振兴生物能源，是适应新时代需要开拓的一项新兴的产业经济，从一开始就需要立足创新、锐意创新，勇于探索生物质资源优化配置的手段，以及探索创新适应中国需要的生物能源产业经济运行的市场化新体制和新机制。

（1）坚持以市场为主要手段。发挥市场配置资源的决定性作用，同时又要更好地发挥政府作用。按照现代市场经济的理念，发展生物能源产业经济，必须更新观念，将以生产方为中心变成以消费方为中心。前者的实质是生产方生产什么，消费方就消费什么；后者的实质是消费方需要什么，生产方生产什么。这种实质性转变要求，必须以市场为优化资源配置的决定性手段，以市场需求为导向安排生产，当前，必须抓紧以能源"供

给侧"结构性改革为主线,调整为能源生产结构。

市场方向正,生物能源兴。遵循市场导向的理念,生物能源产品的研发、生产和基地建立,以及产品链、产业链和供应链等都要以市场为导向,做到以下基本要求:资源配置和生产安排都要以市场需求为出发点;生产的各种生物能源产品都要以满足市场需求为归宿点;能源产品要建立健全以市场为主形成价格机制的核心点;各类企业都要把降低成本、提高效益、加强市场竞争能力作为生命点;生物能源产业的各个产业链,包括原料供应、能耗物耗、产品运销等,都必须以接受市场检验和按照市场经济规律进行运营为关键点。

实际上,我国从发展生物燃料的初始就明确以市场化为方向,以市场机制为配置资源的主要手段。在发展新型产业之初,国家提供一定的补贴是必要的,而且起到了积极作用。然而,从一开始,国家就明确:对燃料乙醇补贴标准不断下降直至降为零。自2009年开始逐步往下减少,从最高补贴额2056元/t起,到2013年降至500元/t以下。再到2016年,国家完全取消了玉米燃料乙醇补贴(图1-3-1)。与第一代燃料乙醇相对照,以木薯和植物纤维素为原料生产的燃料乙醇的补贴标准保持稳定。其中,木薯燃料乙醇的补贴额保持500元/t,纤维素燃料乙醇的补贴额为800元/t。对生物燃料补贴政策的倾斜,对生物能源企业技术提升和产能扩张产生了有力的引导和推动作用。

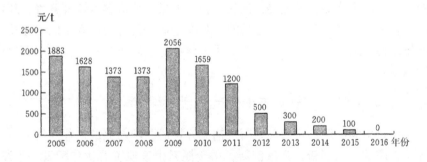

图1-3-1 第一代燃料乙醇补贴标准

(2)健全创新市场体系。现代市场经济具有统一性、开放性、竞争性、灵活性与多变性的特点。它没有完成时,处在不断发展和完善中。现代市场经济是以现代市场体系为载体的。当今,现代市场体系不仅包括消费品和生产资料等商品市场,而且还包括资本市场、劳动力市场、技术市场、信息市场等要素市场;不仅包括有形市场,而且还包括无形市场。其中,商品市场、资本市场和劳动力市场是现代市场体系的核心。发展生物能源产业经济，只有建立和创新完整的现代市场体系，才能有效地配置资源和正常运营。为建立和创新生物能源市场体系，必须采取三项措施。

其一，要彻底转变政府职能、简政放权、规范政府行为。要进一步打破行政垄断和地区封锁，以消除和避免对市场体系的人为分割和扭曲，以及消除影响生物能源资源的配置效率。为此，要建立和健全市场制度，包括界定政府在市场准入方面的权限，提高市场准入程序的公开化和准入透明度；还要制定和完善保护和促进公平、公开竞争的法律法规制度，保障各类市场主体获得平等的市场准入机会。

其二，要健全和提升传统的商品市场体系。主要包括：①生物能源原料市场，包括能源植物、农作物秸秆、农业加工副产与有机物垃圾等各种原料的收集、集中、预处理市场；②生物能源产品市场，即各种生物能源产品包括生物燃料乙醇、生物柴油、沼气与成型燃料等的储存、供应、销售市场；③生物能源技术市场，即生产生物燃料能源的新技术、新装备、先进科技成果，以及相关专利的转让、有偿使用、交易市场；④生物能源服务市场，即与生物能源相关的信息传递、原料收集和供应、专业技术培训等服务市场。通过健全和完善相关措施，有效提升生物能源实体市场的统一规范、灵活有序的水平。

其三，要积极创新"互联网+"新模式和现代新业态。2015 年，李克强总理在政府工作报告中提出"互联网+"的概念。以此为契机，"互联网+"上升为国家战略，各行各业都掀起了以"互联网"为工具的行业变革与转型升级的潮流。互联网、移动互联网、云计算、大数据等已深入社会各领域。在"互联网+"的时代，在生物能源新产业经济振兴过程中，不只是单一的技术革命或新产业的诞生，也更多表现为新业态和新模式的创立，并带来传统产业的生产与消费模式的转变。在"互联网+"的市场新格局中，通过智能化的技术共享、用户共享、内容共享、商品共享、商业价值共享，实现跨界融合与分享经济。为不同用户提供双生态、双引擎、多平台、多入口、多用户、多资源的移动互联网解决方案，加速了企业和企业，企业和消费者之间的信息沟通与需求传递，构成生物能源融合现代网络购物的新商业模式。传统企业借助互联网插上腾飞的翅膀、迈入互联网时代，成功实现了转型，促进有条件的大型生物能源企业整合上下游资源，打通由生产方到消费方的供应服务链条，减少中间环节，大幅提质增效。

（3）健全完善价格体系。只有在更大程度上真实反映生物能源产品的稀缺性及其价值，才能发挥价格杠杆的宏观调控作用。健全完善我国生物能源价格体系必须采取两项关键措施。

措施一，改革和转变生物能源价格形成机制。这是关键的一步。要以市场为主形成生物能源价格机制，即发挥市场配置资源的决定性作用，由市场供求关系决定价格。也就是说，生物能源产品价格要由政府定价转变为以市场定价为主，使市场竞争机制充分发挥配置资源的作用，使价格更真实反映生物能源产品的价值。

措施二，建立和健全生物能源价格体系。要建立由生物能源原料价格、成品价格、服务价格、批发价格与零售价格构成的价格体系。同时，国内生物能源产品（如成品生物燃料乙醇和生物柴油等）价格与国际能源价格实现接轨，国内能源市场价格随国际市场价格而联动。同时，还要建立和实行保护价格。建立生产者价格和消费者价格，在必要时采取保护价格。

6. 探索生物能源产业化新形式

一定意义而言，生物能源产业经济就是农业能源功能属性的发现和开发。发展生物能源产业经济与"三农"息息相关。要把发展生物能源产业当作振兴"三农"的事业，探索出一条精准扶贫的途径，开拓出"以工补农，以城带乡"的产业化组织、经营新形式。

（1）探索产业化经营的新途径。所谓生物能源产业化经营，既是生物能源产品经营方式的改革，又是资源优化配置方式的创新。其基本做法是建立和壮大生物能源产业化经营企业，及采用产业化经营形式。

一是，建立新体制新机制，实行一体化经营。生物能源企业要扬弃传统的各产业链互相孤立、分割的发展模式，采取各个产业链有机结合、与农民结为利益共同体的生物能源产业经济发展新模式。通过产供销一体化组织经营体制和机制，不仅使农民成为发展生物能源产业的主体，而且还要使农民成为新兴生物能源产业经济的受益者，合理分享工商利润，提高农民的积极性。

二是，增强竞争力，带动生物能源产业持续发展。生物能源加工企业要采取全新的发展思路，即依靠科技创新、采用现代先进技术装备提高市场效率和效益，并降低成本。这就是在不增加要素投入的条件下，提高全要素生产率，提供适应市场需求的各种生物能源产品，带动相应地区和农民开展生物能源植物原料的生产、收集和供应，带动相关服务行业兴起，带动农业和农村开辟新的经济增长点。

三是，推广新经营方式，开展"订单生产"。生物能源企业要彻底转变传统运营方式，开展"订单生产"，即按照市场的实际需求与农民签订包括生物能源原料的品种、数量、质量的合同，既引导农民按照市场需求生产，又规避农民可能遭遇到的生产和市场风险。这是以市场为导向引领生物能源产业发展的一种新形式。

（2）发展专业合作社组织。鉴于生产生物燃料的原料分散在广大农村，收集难度很大。由此导致产生生物能源工业生产的集中性和连续性，与原料的分散性与季节性之间的普遍矛盾。解决这个矛盾的根本途径在于提高农民的组织化程度，其最佳形式就是建立生物能源原料专业合作社。这种新型农村合作制的基本要素包括：

1）专业合作社的性质。生物能源产销专业合作社组织由农民自愿组织、并选举出精干管理机构，政府给予积极引导、大力扶持，支持其为农民开展各项服务活动。生物能源原料专业合作社是真正农民的合作社，完全是"民办、民有、民享"。也就是说，广大农民社员是合作社的真正主人，它由农民自己组织兴办、为农民所有、归农民享用。

2）专业合作社的方针。生物能源原料专业合作社实行"自主、自治、自助"的"三自"方针。所谓自主，就是合作社自我决策；所谓自治，就是合作社自我管理；所谓自助，就是合作社社员间自我互助。通过实施"三自"方针，不断增强生物能源原料专业合作社的内生力，促进走上自我发展、自我壮大、自我完善的康庄之路。

3）专业合作社的宗旨。生物能源原料专业合作社的唯一宗旨在于为农民服务，包括信息传递、专业技术、原料收集、集中供应等各种农民所需要的社会化服务。例如，在纤维素燃料乙醇原料收集、预处理、糖化、发酵和精馏等各个环节中，都还存在着制约纤维素乙醇实现大规模工业生产的原料收集的障碍。通过专业合作社加强社会化服务，可有效克服这些障碍，促进我国纤维素燃料乙醇持续、快速发展。

4）专业合作社的原则。建立生物能源原料专业合作社必须坚持自愿原则，即农民入社自愿，退社自由；民主原则，合作社领导机构由社员选举产生，各项重大决策都由社员代表大会决定；互助原则，合作社内部团结互助，"大家为我，我为大家"。实施这样的原则，体现一种团结友爱的先进文化，开拓一条适合广大农村实际情况和实际需要的、收集供应生物燃料原料的新型合作之路。

7. 加大扶持力度，创造良好政策环境

发展生物能源，既是我国一项刚起步的新兴产业，又是一项涉及"三农"、改善生态环境、促进农业可持续发展的战略之举。鉴于目前中国生物能源原料基础薄弱、生产成本较高、销售市场不畅、技术标准不全，尤其必须集中优势力量攻克科技难关等问题，所以从新产业起步到产业成

长、形成、乃至发展的整个过程，加大国家公共财政扶持力度和税收优惠政策，以创造良好的政策环境，是迫切需要的。特别是要对原料生产、企业加工、科技研发、市场流通等环节给以扶持和补贴更是必要的。

（1）对各种原料生产和利用提供扶持。鼓励和扶持发展生物能源原料生产，不仅为振兴生物能源产业夯实了基础，而且还为促进农业和农村经济发展点燃了新增长点，更为经济欠发达地区开辟了精准扶贫的一条有效的途径。当前，采取如下举措一定会大有作为：一是开发利用广袤的边际土地资源。根据中国农业大学生物质工程中心的研究，在我国利用边际性土地资源种植能源作物生产生物乙醇的潜力巨大，从长期看其总生产潜力在7400万t以上，约为我国目前年汽油消费量的1.4倍。中短期看，仅利用集中连片的边际性土地资源，就可生产生物乙醇2170万t。二是建立生物能源原料供应基地。提供资金扶持，要采用"基地种植、产品加工、市场销售"相互结合的机制，建立现代生物能源原料供应基地，是一项必要的基础工作。三是大力开发和多形式利用农作物秸秆等资源。我国农作物秸秆、农产品加工副产品数量大、范围广，是用之不竭的资源。为解决收集运输难的问题，应采取奖励、补贴和免除税收的措施。四是对地沟油、有机垃圾等废弃物收集利用提供奖励或补贴。通过这些措施，既有利于开发和保障生物能源生产原料的稳定供应，又有利于减轻污染、保护环境、改善农业生态环境、促进农村经济可持续发展，乃至建设新农村和美丽中国，都意义巨大。

（2）对相关产业实行"定点企业"补贴。借鉴国际上发展生物能源产业的经验，在生物燃料乙醇、生物柴油、秸秆成型燃料、沼气等生物能源产品发展的初期和中期，对其生产和商业销售企业，有必要提供财政补贴，以及实行信贷和税收优惠政策。主要包括：对定点燃料乙醇、生物柴油生产企业，在一定年限内进行专项补贴；对经营这些产品的经销商实行财税优惠措施；对推广农村沼气继续提供资金扶持；对于国内发展生物能源产业需要的关键技术设备的进口关税可适当降低。此外，这里再次强调，国家对生物能源新技术、新设备和新产品的研发和加速新成果的使用转化，以及生物能源专业合作社建立原料基地和开展专业化服务等都需要实施财税优惠政策措施，并且在一定期限内扶持政策要保持财政化、机制化、法制化、稳定化和持续化。

（3）大兴生态能源现代服务业。现代社会的一个显著特征就是建立发达的现代服务业，在一个国家进入工业化中后期时服务业就会上升为主导地位。近年来，我国现代服务业方兴未艾，服务内容不断扩大，新业态推广运用，网络化、融合化、产业链、供应链等新服务方式层出不穷。可以说，现代服务业已成为现代各种产业经济发展的重要条件。

智能化、网络化、融合化、多形式一体化时代，我国振兴生物能源产业，同样需要有发达的农村现代服务业，为其提供社会化服务。当前，可供选择的措施有四项：一是如前述倡导建立生物能源专业合作社。通过这种形式普遍提高农民的组织化程度，对发展生物能源提供各种自助式服务。二是建立多形式的中介服务平台。例如，建立农作物和农业副产品收集供应服务站，常年开展综合化服务，包括生物能源原料的收集、储存和供应等，以及对农民开展沼气专业技术培训服务。三是培育农村经纪人队伍。鼓励和支持他们开展相关服务，包括生物能源原料（农作物秸秆、农产品加工副产品等）的收集和供应。要为农村经纪人创造宽松的环境条件，促其成长为农村一支稳定的中介服务力量。四是建立健全销售体系。就如同现有的石油销售服务网络一样，建立生物能源产品销售体系，促使生物能源产品货畅其流，甚至开拓国际市场。

8. 建立健全生物能源法律法规体系

鉴于发展生物能源涉及多部门、多领域、多产业、多学科，为给各方面提供保护合法权益、处理纠纷的准绳，促进生物能源健康、顺利地可持续发展，迫切需要建立和完善其法律法规体系。迄今，中国已经初步形成能源法律法规的基本框架，对能源开发、利用和保护发挥了重要作用。然而，中国能源立法、特别是生物能源法律法规还较薄弱，结构不完善，有的专门法仍然缺位，需要进一步健全完善。

（1）确立健全完善法规指导思想。发展生物能源是关系经济、社会和生态文明建设的一个大行业，包括能源资源基地建设与开发、原料收集与供应、能源产品加工与销售、贸易与消费、资源利用与节约，以及两种资源与两个市场等，存在着复杂多变的利益关系，必须通过健全完善生物能源法律法规，进行妥善协调处理，保障各方合法权益。健全完善生物能源法律法规应该遵循如下指导思想：在"以人民为本体"和"五大新发展理念"的统领下，遵循调整经济结构、转变经济发展方式、建设"资源节约、环境友好"型社会的战略部署，始终贯穿"保障能源安全、完善能源结构、提高能源效率、注重能源环保"的核心理念，强化对生物能源开发、利用与保护的宏观调控和监督管理，赶上低碳经济的时代潮流，规范生物能源开发、利用与管理的行为，为实现开源节流、立足国内、依靠科技、改善环境、加强国际互利合作的能源产业经济发展提供法律法规保障。

（2）坚持健全完善法规基本原则。依据立法的基本价值、本质、宗旨和指导思想，同时又从生物能源产业经济本身的特点出发，健全完善生物能源法律法规应该遵循如下六项原则：

一是有利于"三农"原则。生物能源产业除了一般性优点之外，还具有一个更本质的特点，就是与"三农"息息相关，不可分离：农民是其主体，农业和农村是其载体，即原料基地和广阔市场。"三农"强盛，生物能源产业就兴盛；"三农"繁荣，生物能源产业就有生命。鉴于此，健全完善生物能源法律法规体系和制度，必须坚持有利于发展绿色农业，把振兴绿色农业融入现代农业，使之成为现代农业的组成部分。归根结底，健全和完善生物能源法律法规，必须以有利于"三农"为原则，以"三农"的利益为福祉，以对"三农"的责任为本位，使"三农"受益，促"三农"振兴。

二是有利于可持续发展原则。能源的可持续发展是一个世界性的永恒课题，更是生物能源产业发展战略的精髓和核心。欲谋求生物能源产业的可持续发展，除了有力加强科技支撑之外，一个先决条件就是必先实现"三农"的可持续发展。基于这一理念，在构建生物能源法律法规体系及其制度的过程中，应该开阔视野和思路，从构建全社会的公平与正义、协调与和谐的总目标出发，高度重视处于弱势地位的"三农"的利益，让生物能源公共产品与服务更多地进入农村、促进农业、惠及农民、改善环境、弥合能源消费及服务领域方面的城乡"二元结构"的差距，尤其让广大农民从发展生物能源产业经济中有更多获得感，增强促进"三农"的可持续发展。

三是有利于体制机制创新原则。振兴我国生物能源产业经济，是在充分发挥市场配置资源决定性作用和更好发挥政府作用的条件下进行的，创新体制和转变机制是前提条件。要通过深化改革和创新，促进生物能源产品市场经济体制的培育和成长，采取融合化、产业化的现代组织经营形式，促进市场经济机制在更大广度和深度上发挥资源配置的决定性作用，并把生物能源市场运行纳入竞争有序的法制化轨道。

四是有利于适应本国国情原则。健全完善生物能源法律法规体系和制度，是中国特色能源法律体系的重要组成部分，必须以国情为基础，以适应本国需要为出发点。中国幅员辽阔、自然条件差异巨大，能源资源分布具有区域性特征，其类型、数量、开发利用方式也各具特色。适应这种普遍性、区域性，乃至行业性的实际情况，既要制定全国统一的法律法规体系，又要相应加强地方性和行业性生物能源法律法规体系和制度。当然，在建立健全生物能源法律法规体系和制度过程中，借鉴国外能源立法的经验也是不可缺少的。

五是有利于保障能源安全原则。能源安全已经成为整个国家安全的重要组成部分，必须置于重要战略地位。健全完善生物能源法律法规体系和制度，必须对国家能源安全保驾护航，有利于调整和改善能源结构，有利于国家掌握能源主动权。特别是在开展生物能源国际合作、利用两个市场和两种资源中，要为扩大能源合作领域和范围、丰富贸易手段和方式、最大限度地利用国际能源资源和市场，以及在制定国际能源规则中提高话语权，提供法律保护武器，营造良好的法律法规环境条件。

六是有利于统筹协调规划原则。从生物能源立法的法律自身逻辑体系出发，对相同性质的问题作出统一的、无冲突的规定。振兴生物能源产业涉及各种主体、各类资源、各个地域、各种用途等，需要统筹兼顾，协调发展。健全完善生物能源法律法规体系和制度，要为其统筹规划、整体部署、分类指导、突出重点、逐步实施、协调发展提供法律法规保证。

（3）健全完善法规的主要框架。我国已经颁布和实施了《中华人民共和国可再生能源法》和《中华人民共和国节约能源法》等全国统一的法律。前一部法律涉及农村能源的多方面内容，主要有生物质能、小型风能以及能源作物等。其中，生物质能属真正的可再生能源，国家应该大力发展此类生物能源及其利用。从目前世界能源的消费情况来看，生物质能是四大能源之一，而且生物质能的比重将逐年增加。专家预测，不远的将来生物能源有可能达到世界能源消费的40%左右。生物能源包括农业资源（秸秆、粪便、能源作物）、林业资源、生活污水和工业有机废水、城市固体垃圾等。我国农村能源主要以推广沼气等生物质资源转化为主。我国的农村户用沼气技术处于国际领先地位，具有核心技术和自主知识产权；大型沼气工程技术比较薄弱，主要依赖国外先进的技术和设备。

砥砺五年，我国生物能源产业经济取得长足发展：既有新成就和新经验，也有新情况和新问题，还有新需要和新挑战。鉴于此，制定专业的生物能源法律法规很有必要性。

根据实际需要，当前制定和健全生物能源法律法规主要包括如下内容：振兴生物能源产业经济的战略地位和主旨；生物能源原料资源的开发利用与保护；各类生物能源产品的生产加工与企业；各类生物能源成品的市场销售与服务；各种生物能源产品的消费与节约；生物能源产业的财政扶持，以及融资优惠措施；生物能源产业的可持续发展；生物能源产业的国际合作与贸易等。

1.4　我国常见的生物能源

假若把适合于制取生物质能的原料来源梳理一下，大体可分为四大类，即农业资源、林业资源、生活污水和工业有机废水、城市同体废物和畜禽粪便等。这些被看作废料的"垃圾"，分布十分广泛，在广袤的大地上处处可见。若经过无害化处理加以资源化利用，不仅可减轻和消除污染源，而且开辟和开发出数量巨大的生物质能的来源。

（1）农业生物质能资源。这类资源来源广、潜力大、前景广阔，主要包括：一是农业作物。泛指各种用以提供能源的植物，如草本能源作物、油料作物、制取碳氢化合物植物和水生植物等。二是各种农作物秸秆。指农业生产过程中的废弃物和农作物秸秆，如麦秸、稻草、玉米秸、高粱秸、豆秸和棉秆等。三是农业加工业的废弃物，如稻谷、小麦、玉米、大豆等粮油加工业的大量副产品等。

（2）林业生物质能资源。这类资源也是十分雄厚，包括森林生长和林业生产过程中提供的生物质能源，像薪炭林；在森林抚育和砍伐作业中的零散木材、残留树枝；在木材采运和加工过程中的枝丫、锯末、木屑、梢头、板皮和截头；利用贫瘠的荒地种植灌木林等能源植物；林业副产品的废弃物，如木本粮油加工副产品油茶饼、牡丹油饼、果壳和果核等，都是加工各种生物质能的原料。

（3）生产与生活废料资源。这类资源极为繁多，变废为宝，大有作为。工业有机废水开发潜力雄厚，主要有酒精、酿造、制糖、食品、制药、造纸及屠宰等行业生产过程中排出的废水等，其中都富含有机物。此外还有城镇商业、服务业的各种排泄水，如冷却排水、洗浴排水、盥洗排水、洗衣排水、厨房排水、粪便污水等。除废水外，城市同体废料也是重要资源。城镇商业、服务业垃圾，以及居民生活垃圾等固体废物，其组成成分比较复杂，但经过挑选处理，可取得大量加工生物质能的原料，经无害化处理后，都可作为资源利用。

（4）畜禽粪便生物质能资源。我国拥有大量规模化养猪、养鸡、养牛等畜禽饲养场。这些养殖场产生巨量的畜禽排泄物和废水，加以利用，可以制取清洁能源，如沼气，由生物质能转换的一种可燃气体，通常可以供农家用来烧饭、照明。沼气还可用来发电。沼液是一种有机肥料，既能提高农产品质量，又可降低生产成本。

第 2 章　植物细胞壁

第 2 章　植物细胞壁

我国是世界上植物资源最丰富的国家之一，高等植物约有 3 万种，药用植物超过了 1 万种。通过对这些丰富的植物资源的化学成分进行分析，揭示其化学成分的功能与用途。

2.1　植物化学

2.1.1　植物化学的研究内容

植物化学作为一门植物学与有机化学相结合而成的交叉学科，是天然有机化学的重要组成部分。植物化学是植物资源合理利用的基础，是与植物学等学科密切相关的学科。这门学科运用有机化学的知识与方法，对植物的化学成分，主要是具有生理活性的植物次生代谢产物进行提取分离、结构鉴定、化学合成与结构改造，揭示植物次生代谢产物的生物合成、分布、功能与用途。

植物化学的研究范围一直在扩大，曾经有人将现代植物化学分成了四类：植物化学、植物生物化学、植物分子生物学、化学生态学。围绕植物化学成分的多学科进一步交叉已经成为植物化学研究的新生长点。从植物药和植物杀虫药中发现生物活性成分进而发现药用先导化合物，也就是生物活性显著且分子结构骨架新颖的有机化合物，是植物化学发展的主流，如图 2-1-1 所示为基于生物活性的植物化学研究体系。

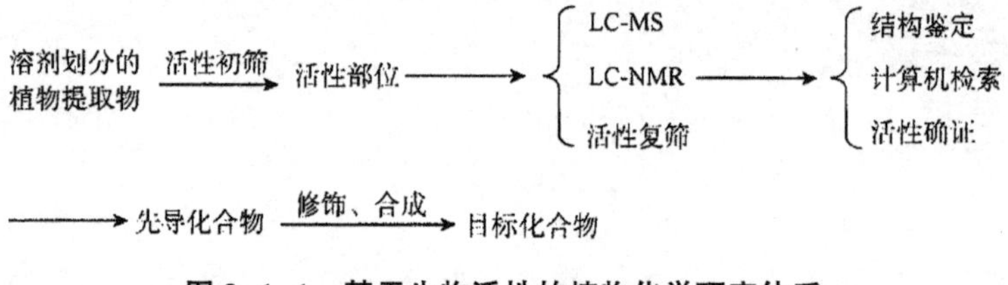

图 2-1-1　基于生物活性的植物化学研究体系

很多植物的化学成分作为药品今天仍被使用，曾经很长一段时间有些化合物难以用合成药物替代，如青蒿素（artemisinin）、紫杉醇（taxol）、喜树碱（camptothecine）、长春碱（vinblastin）和鬼臼毒素（podophyllotoxin）等。有些生物活性天然产物则是现代合成药物的先导化合物。在这方面具有代表性的成功例子也是非常多的，例如以青蒿素为先导化合物开发的蒿甲醚（图 2-1-2）、以鬼臼毒素开发的抗癌药物依托泊苷（VP-16，etoposide）（图 2-1-3），以及以神经钠离子通道为作用靶标的除虫菊素的研究，以除虫菊素 I（pyrethrin I）为先导化合物，然后通过合成和结构优化，开发出一代高效拟除虫菊酯（如溴氰菊酯）类杀虫剂（图 2-1-4）。

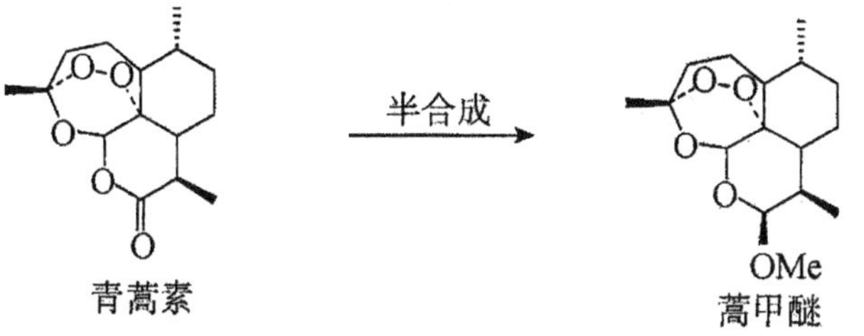

图 2-1-2　以青蒿素为先导化合物开发的蒿甲醚

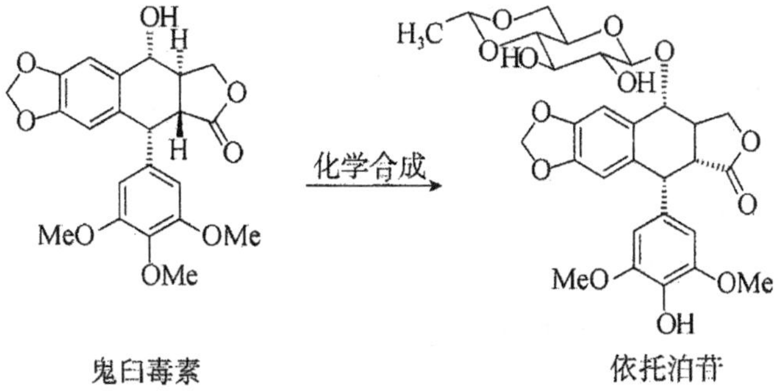

图 2-1-3　鬼臼毒素化学合成为依托泊苷

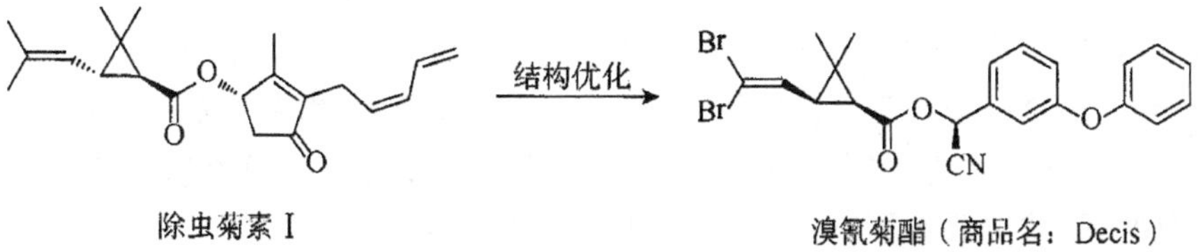

图 2-1-4　基于除虫菊素 I 的结构优化发现溴氰菊酯

　　我国植物化学发展非常迅速，已经成为在药学及化学领域中与国外学者交往最频繁、学术交流最活跃的一个分支学科。研究水平和产出均跻身世界前列，对于国际天然产物尤其是植物化学研究具有非常重要的意义。

　　不过，我国植物化学的研究仍然有很多需要加强的地方，主要有以下三方面：①基于生物活性的新颖植物化学成分研究；②利用资源优势建设有我国特色的植物化学学科方向；③密切与其他相关学科渗透交叉，外延植物化学的研究范围。此外，其研究领域不应局限于植物药，要同时进行新天然农药、特殊油脂、特殊精油、营养健康食品和保健化妆品等的研究，并注意与植物相关学科如化学生态学、分类学、系统学等交叉，这对于促进我国植物化学的发展有着重要的意义。

2.1.2　植物化学发展历程

　　明代李梴（1575）的《医学入门》中记载了用发酵法从五倍子中得到没食子酸的过程，"五倍子粗粉，并砚、曲和匀，如作酒曲样，入瓷器遮不见风，候生白取出"；《本草纲目》卷39中则有"看药上长起长霜，药则已成矣"的记载，这里的"生白""长霜"指的都是没食子酸，是世界上最早被纯化和应用的有机酸。樟脑的记载最早见于1170年洪遵著的《洪氏集验方》一书，后由马可波罗传至西方，欧洲直至18世纪下半叶才得到樟脑纯品。所以也有"医药化学源于中国"一说。

　　19世纪初至中期，人们已经积累了大量的化学知识。当时提取天然药物中的有效成分主要是采用化学方法，如吗啡、可卡因、士的宁、奎宁、阿托品等。

　　20世纪20年代末，我国对植物化学开始了研究，由赵承嘏开创，先后有庄长恭、黄鸣龙、朱任宏、高怡生、曾广方、朱子清等有机化学家投身于中草药化学成分的研究。赵承嘏、曾广方两位科学家先后对麻黄、延胡索、防己、贝母、钩吻、常山等30多种中草药进行了以生物碱为主的化学成分研究，黄鸣龙完成了其中延胡索乙素的结构鉴定，这是我国植物化学第一项结构鉴定成果。曾广方是一位生药学家兼化学家，他首先对中药芫花中芫花素的结构进行了表征和化学全合成，其中的化学全合成在当时被公认是一项非常出色的研究工作。庄长恭和高怡生等曾对汉防己新生物碱——防己诺林碱进行了结构研究，并初步证明其为脱甲基汉防己碱，但脱甲基的位置直到20世纪50年代初才得以确认。

　　在20世纪50年代之前，采用经典方法分离到数千种植物成分，并且通过化学降解和合成确定其结构。当时植物成分的经典化学结构类型已经能够基本确定和分类；也开始初步形成了生源学说，如萜类的异戊二烯理论、甾体的乙酸理论、生物碱的氨基酸理论等。甾体在医药工业上的应用，多种生物碱如吗啡、喹啉的应用等，都使植物化学的研究更加有意义。

在 20 世纪 50 年代之后，随着科技的不断发展，现代仪器分析新技术和新方法得以开发应用，植物化学成分的分离纯化和结构鉴定也得到了发展。其中一个特点就是人们开始重视对成分绝对构型的确定，大部分有意义的新结构都实现了全合成，使立体结构得到了确证。另一特点是植物学家、生物学家开始重视将化学手段用于植物分类、植物生理及生化研究，使植物化学开始了与其他学科如有机合成化学、植物分类、植物生理、合成生物学等学科的交叉融合，并且渐渐地形成了自己特有的学科特点。

近年来，在应用方面，人们比较重视化学成分的药理活性。尤其是对治疗肿瘤、心血管疾病、艾滋病等药物的研究，以及从这些生理活性物质的结构出发，为人工合成类似物开辟了道路。例如，利血平、宫血宁、长春碱类、三尖杉碱类、喜树碱类和美登木素类等植物化学成分的研发。近年来，我国在植物化学研究和开发方面取得了显著的成就，涉及的领域也比较广泛，如药学、农药学、功能食品、特殊医学用途食品、化妆品等，下面对比较具有代表性的成果进行简单的介绍。

20 世纪 50 年代，为了能够充分满足甾体药物的需要，我国进行了大量的薯蓣资源植物化学研究，其中以盾叶薯蓣为最佳原料，发现了澳州茄碱（solasodine）、薯蓣皂苷元（diosgenin）、海柯皂苷元（hecogenin）、替告皂苷元（tigogenin）等。C_{27} 甾体皂苷的深入化学研究有重楼等百合科植物，其中重楼的偏诺皂苷元（pennogenin）已研制成妇科用药，还有从薯蓣科的黄山药和蒺藜科的蒺藜中都成功研制出以呋甾苷为主成分的治疗心血管的药物。在 C_{21} 甾体苷方面，主要集中于萝藦科多种植物的化学研究，发现了几个新奇 C_{21} 甾体苷和应用于治疗癫痫的青阳参。在黄杨科甾体生物碱方面也有较多发现，特别是在化学上证明了甾体 A 环有船式构象的存在。另外，我国是国际上唯一工业生产蜕皮激素的国家，在蜕皮激素资源植物寻找方面发现了高含量 β-蜕皮激素的植物露水草。

20 世纪 60 年代，发现了降压药利血平（reserpine）的萝芙木，并一直沿用至今。对抗癌药长春花生物碱的生产工艺方面进行改进后应用于生产。我国首先自主研制成功了能够治疗慢性粒细胞白血病的药物靛玉红（indirubin），并对靛玉红进行化学修饰找到了疗效更好、毒性较小的新抗癌药异靛甲。从胡椒中分离出的胡椒碱（piperine），经结构改造得到具有抗癫痫作用的抗痫灵。在异喹啉生物碱研究方面，目前应用最广泛的是抗菌药黄连素（berberine，也称为小檗碱）、镇痛药罗通定（三一 ro-tundine）。在单萜吲哚生物碱的新颖结构及药理活性方面取得重要进展。发现了石蒜生物碱加兰他敏（galanthamine）的新资源，用于治疗阿尔茨海默病。对喜树碱、美登木素（maytansine）、三尖杉碱（harringtonine）、长春新碱（vincristine）及其同系物等抗癌药物，国内对这些资源进行了大量的研究，目前美登木素、三尖杉碱和长春新碱已经应用于临床。

20 世纪 70 年代，人们发现了青蒿素及其高效抗疟功效，这一发现为人类作出了非常大的贡献，挽救了很多人的生命。可以这样说，这一发现是人类抗疟之路的一个新的里程碑。青蒿素的发现与应用是以屠呦呦为代表的中国诸多科学家集体智慧的结晶。2015 年 10 月 5 日，青蒿素主要发现人屠呦呦获得 2015 年诺贝尔生理学或医学奖。这个奖项的获得使人们进一步了解以植物为主的中药是"尚未充分开发的宝库"。

相关学者曾对唇形科香茶菜属植物对映−贝壳杉烷类二萜化合物进行了系统地研究，为该属植物二菇类化合物生物活性研究打下了坚实的物质基础。丹参的抗菌消炎活性成分（二萜醌类）和穿心莲抗炎活性成分（二萜内酯）曾吸引了国内许多植物化学家参与研究。国内科学家曾对瑞香科和大戟科二萜原酸酯的抗癌和引产活性成分进行了广泛研究。除此之外，还系统开展了对产抗癌活性成分紫杉醇及其衍生物的红豆杉资源的调查和研究，并发现系列新紫杉醇衍生物。土荆皮的抗菌成分土荆皮酸是一类具有新奇结构的二萜酸。二萜生物碱的新结构研究是从 20 世纪 70 年代末开始的，其后北京、上海、昆明、成都等地开展了深入的化学和应用研究，有些已开发成镇痛药，有些正研制成抗心律失常药。国内科学家对卫矛科植物中具有杀虫活性和昆虫拒食作用的倍半萜也有较多研究，同时还研究了唇形科的二萜成分及杀虫活性。楝科植物驱虫成分川楝素（toosendanin）是一类研究较早的三萜类化合物。三七皂苷的结构表征是国内配糖体（或称营）领域里的最早研究工作，由此，我国科学家开始了广泛的糖苷如五加科达玛烷型皂苷和毛茛科齐墩果烷型皂苷等化学研究。

20 世纪 80 年代，从中药千层塔中发现了一种用于治疗记忆障碍的新奇的乙酰胆碱酯酶抑制剂石杉碱甲（huperzine A）；现在一种石杉碱甲衍生物已在欧美开展临床试验，用于治疗阿尔茨海默病。从番荔枝科植物中提取的番荔枝内酯（annonaceous acetogenin）具有杀虫、杀寄生虫和抑制肿瘤细胞生长等作用。

20 世纪 90 年代之后，中国科学院昆明植物研究所周俊开始研究植物环肽，有了许多新发现，植物环肽作为石竹科的特征成分已经得到了国内外学术界的认可，周俊等在该领域做出了一些开拓性研究工作。此外，孙汉董将结构新颖、复杂、高氧化度的三萜化合物称为"五味子降三萜"，并系统研究了 24 种五味子科药用植物的化学成分和生物活性。

在木脂素方面的研究，比较突出的就是五味子中的木脂素，能够降低血清谷丙转氨酶活性，它的合成类似物联苯双酯（bifendate）和双环醇片（商品名：百赛诺）已经应用于肝炎治疗。植物抗癌药如鬼臼毒素的衍生物，由于抗癌机制独特，其结构修饰的工作至今仍很活跃。葛根异黄酮已经开发成心脑血管药物。对著名中药天麻的研究发现了主成分天麻素（gastrodin），微量高活性成分天麻腺苷的镇静安神功效是天麻素的 1000 倍以上，天麻素近年已用于临床治疗偏头痛。

2.1.3　植物化学中植物细胞发酵工程的应用

植物细胞发酵工程指的是通过发酵培养的植物细胞，或者从发酵培养液中生产各种次生代谢产品的工程。它的主要研究内容是：如何提高次生代谢物的含量，改进筛选方法，设计新型的适合与植物细胞生长的发酵罐，使培养系统按比例放大，以及应用细胞固相化的技术。

植物细胞发酵工程主要是利用植物细胞体系，应用先进的生物学和工程技术（细胞培养、发酵技术、细胞变异、生物合成），来提供各种次生代谢物产品（医药、香料、色素、农药及特殊工业品）。植物细胞发酵培养的目的是在发酵罐中将植物细胞进行工业规模生产，以获得各种产品。紫草、黄连、人参、毛地黄等的细胞发酵工程研究已实现了工业化生产。

1. 植物细胞发酵工程的研究路线

植物细胞发酵工程的研究路线如图 2-1-5 所示，其特点是从愈伤组织开始，并以愈伤组织细胞为对象进行研究。愈伤组织是将植物的任何部位，如根、茎、叶、花、果等经过表面灭菌后，在无菌条件下剪为几段，再接种到由各种营养成分和植物激素组成并加有固化剂琼脂的培养基上，经过一段时间后从切口处长出组织，这种组织主要是由具有分生能力的薄壁细胞组成。

2. 植物细胞发酵工程技术

植物细胞发酵工程的主要技术包括细胞培养、细胞变异、发酵技术、生物合成等。

（1）细胞培养技术。细胞培养技术始于 20 世纪 60 年代美国的 Staba

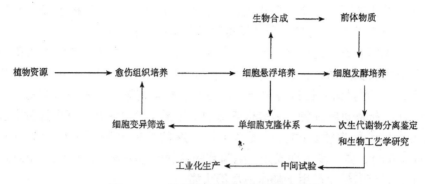

图 2-1-5　植物细胞发酵工程的研究路线

教授，他把诱导培养的牙签草愈伤组织放入去掉琼脂的液体培养基上，在有一定转速和振幅的摇瓶机上振荡培养，这种培养使细胞悬浮于培养液中，所以也称为悬浮培养。与人类早期应用于食品生产中的固态发酵技术相比，液态悬浮培养可以提供更好的传质和环境及过程控制，使得细胞在单位时间和空间下获得最大限度的生物量进而提高生产率，因此液态悬浮培养称为近代工业化发酵应用生产的主要技术。在那之后，再将悬浮细胞转入具有通气搅拌的发酵罐中进行发酵培养，这样培养的细胞生长非常快。日本 Furuya 等对人参的研究，培养细胞的生长速率为 0.61g 干重/（L·天），人参总皂苷含量高达 21.1%，细胞发酵培养的规模达 13t。后来，又研制成功规模达 20t 的发酵罐。

　　（2）细胞变异。细胞变异分为两类：自然变异和人工诱导。下面对这两种细胞变异进行简要介绍。

　　自然变异，在细胞培养过程中，培养细胞会产生变异，可以从中筛选出生长速率和次生代谢物合成能力都比较高的优良培养细胞系。例如，从紫草细胞培养中选育出萘醌色素含量比原亲本植物高 8 倍且生长迅速的、优良的培养细胞系。但是自然变异的概率很低，甚至可以达到百万分之一，而且变异的结果并不可预先控制，这样得到朝向目标方向变异的细胞系的概率就会更低，所以现在人们都普遍用各种方式人为干预变异过程，从而使变异发生的概率有所提高，这样一来，也会使获得产率高稳定性突出的细胞系的几率大大提高。

　　人工诱导，用各种化学诱变剂（甲基磺酸乙酯、亚硝酸胍、乙烯亚胺等）处理培养细胞，或用各种射线（γ 射线、X 射线、紫外线等）照射，使之发生变异，从中选择出优良的培养细胞系。例如，用 ^{60}Coγ 射线照射三分三愈伤组织，从继代中选育出生长速率是亲本植物的 4 倍，东莨菪碱含量是亲本植物的 130%，且是稳定的优良变异体。尽管人工诱变的发生概率可以远高于自然诱变，但是变异细胞的发生率总体仍然较低。而且更为重要的是，即便是人工诱变也没有解决变异方向的可控性问题，也就是说变异的结果到底是否有利于工业生产和符合人们的预期并不受到保障，而要从海量变异细胞库中筛选出最优细胞是项繁杂重复枯燥的工作，因此近年来伴随自动化和信息化水平的提升，高通量筛选技术受到越来越多的关注，此技术的核心是建立筛选机制，在筛选机制建立之后首先通过流式细胞仪的方式将细胞进行分离并纯培养，通过自动化操作和检测分析，快速检测并挑选出最优"选手"。其中最为广泛应用的筛选机制是利用显色反应或紫外和荧光检测的筛选机制。

3. 植物细胞发酵培养装置

植物细胞发酵培养装置基本上是参考微生物发酵技术。其研究的装置包括摇瓶、平叶轮发酵罐、叶轮发酵罐和气升式发酵罐等。其反应器主要包括普通的罐式反应器、气泡式反应器、柱式反应器和气升式反应器，其中最合适的是气升式反应器对植物细胞。一般是用玻璃和不锈钢两种制品的容器。摇瓶装置也就是悬浮培养装置，由于其简单实用且成本低廉，早期的制药公司在活性成分诸如抗生素的生产中广泛采用摇瓶技术，其缺点是通气不佳、规模太小，另外，靠外界振荡既浪费过多的机械能，又使搅拌不彻底，形成所谓的"三层分布"，而且摇瓶装置在溶解氧供应、碳氮源供给、pH 值控制等方面都有明显的欠缺，导致细胞在摇瓶中的生长和活性通常远低于在生化反应器即发酵罐中的表现，但因其简单、灵活、稳定，摇瓶细胞培养被广泛应用于实验室小规模探索性研究。气升式发酵罐是植物细胞大量培养最有效的装置，它具有明确限定的流动特性、低切变速率和充足氧气供应的综合效应，与其他装置相比，气升式发酵罐的结构更加简单，而且消毒和清洗起来都比较方便。

4. 植物细胞培养方法

植物细胞培养系统可以分成两个系统：固体培养系统和液体培养系统。其中，固体培养系统主要包括利用琼脂作为支持物的琼脂培养和固定细胞培养。液体培养系统则包括小规模的悬浮培养和大规模的成批培养、半连续培养和连续培养。植物细胞培养已经进行了许多工业化生产的实验。例如，从希腊毛地黄细胞培养强心苷的规模已达 200L，紫草细胞培养工业化生产紫草素的规模为 750L，人参培养细胞的规模为 $2m^3$，烟草培养细胞的规模更大，达到 $20m^3$。

5. 植物细胞发酵培养的影响因素

由于细胞培养物中次生代谢物的含量受植物本身的遗传特性、生长情况和形态分化等因素影响，所以植物细胞发酵培养成功的关键，就是植物细胞在发酵罐中是否可以迅速增殖，是否可以大量地合成次生代谢物。通过对物理和化学因素的调节，能够对细胞的生长和次生代谢物的合成与积累产生影响；通过调节内部和外部的环境条件，以及对培养细胞进行预处理等方法，来影响植物细胞培养物中次生代谢物的积累，以达到提高次生代谢物产量的目的。影响植物细胞发酵培养环境因素主要有以下几方面。

（1）光照因素。光照会影响培养细胞中次生代谢物合成。例如，光对细胞培养物中花色素的生物合成有诱导作用，很多次生代谢物的形成受不同波长光的影响。同时，光对某些次生代谢物的产生也呈现抑制效应，如日本黄连中黄连素的合成均为光所抑制。

（2）通气和培养物。通气能够使培养物中各成分受到空气的机械和化学的作用。通气和培养物的混合是细胞发酵培养中物理和化学性质不可分割的主要部分。例如，相关学者在进行大规模发酵罐培养的研究中，也强调了通气与培养物混合的重要性，在研究的 5 种发酵罐培养装置中，所培养的橘叶鸡眼藤培养细胞的产量，在气升式发酵罐中要比在摇瓶中多30%，是其他发酵罐中的 2 倍。在培养系统中，通气依赖于培养基的搅动，即通过培养基的搅动来达到通气的效果。在小规模悬浮培养系统中，培养体积对氧吸收系数（OAC）具有明显的影响，OAC 与其气、液界面积有关。

（3）培养基成分。培养基由无机营养物、碳源、维生素、生长调节剂和有机添加物组成。植物细胞培养的成功与否，关键在于培养基的选择。一般有利于植物细胞迅速生长的培养基，却不利于次生代谢物的合成和积累，而有利于次生代谢物合成积累的培养基，却限制了细胞的迅速生长。所以，采用两步法进行大规模发酵培养，即用生长型培养基首先大规模高密度培养细胞以获得更多生物量，此时细胞的任务仅是生长而不参与次级代谢物的合成，在此基础上逐渐更换培养机成分为生产型/代谢性培养基以使细胞更多生产次级代谢物，此时细胞很少或者基本不生长，采用此种途径可以使次生代谢物增加。

（4）温度因素。适合植物细胞培养物生长的温度范围通常是 15~32℃，而细胞生长和次生代谢物合成的最适温度往往是不一样的，这就要求在发酵罐的两级或多级培养过程中，要严格控制好温度。先让植物细胞在适宜的温度下迅速生长和繁殖，然后在另一适宜的温度下大量合成次生代谢物。

（5）细胞的预培养。采用种子预培养方式能显著提高次生代谢物的积累，如从含不同水平生长素的种子培养物得到的烟草细胞，当它们培养于生产培养基上时，会积累不同水平的烟碱。在两步法或分级批式培养中，细胞在种子罐中先通过快速生长和繁殖，然后转入下一级生产培养基中，可以促进次生代谢物的生产。此外，预培养的时间也会对次生代谢物的产量产生一定的影响。

2.2　植物细胞壁的结构和成分

2.2.1　植物细胞壁的结构

植物细胞与动物细胞最明显的一个区别就是，植物细胞质膜外具有细胞壁包被。植物细胞壁可以使细胞保持一定的形态，并赋予细胞一定的机械强度，而且还会参与对细胞生长和发育的调节。植物细胞壁的物理结构和化学组成因植物种属、组织、器官和发育阶段的不同而有所差异。但是细胞壁有两个共同的特征：一是物理结构不均质，换句话说就是每层厚薄不均匀；二是化学组成不通质，指的就是由若干不同层次和多种不同物质组成。

高等植物的细胞壁主要是由多糖（纤维素、半纤维素和果胶质）、糖蛋白、少量的矿物质和其他聚合物组成。多糖会以许多种形式出现，如结晶和亚结晶的纤维素、非结晶的半纤维素和果胶质等。半纤维素与纤维素基元纤丝紧密相连，从而形成了微纤丝网状结构。果胶质是交联多糖，将细胞壁组分"黏"合在一起。这些组分合成时，形成纳米级的结构组分（如微纤丝和基质），是植物生长与发育过程中受时空控制过程的产物。到目前为止，对于这些聚合物是如何自发形成并镶嵌到细胞壁中的原因还没有研究透彻，有待发现。

1. 木材纤维原料细胞壁的结构

在木材细胞生长过程中，首先出现的细胞壁和胞间隙含有比较多的果胶质，当细胞壁慢慢变厚时，纤维素和半纤维素就会沿着内壁以片层形式沉积下来，形成次生壁。这时细胞会进入木质化阶段。木质化从细胞角隅开始，逐步向胞间隙、初生壁和次生壁蔓延。木质化结束时，细胞就死亡了。从光学显微镜下观察，木材细胞壁的层次结构可分为胞间层（ML）、初生壁（CW_1）和次生壁（S）三层，其中次生壁又由外层（S_1）、中层 S_2）和内层（S_3）构成，如图2-2-1所示为细胞壁的亚显微结构图。

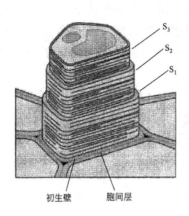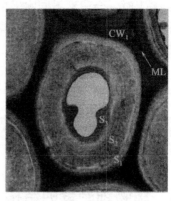

图 2-2-1　细胞壁的亚显微结构图

胞间层是在细胞分裂的末期，出现了细胞板，细胞板将新产生的两个细胞相隔开来，是最早的细胞壁部分。胞间层非常薄，除了细胞角隅外，厚度为 $0.5\sim1.0\mu m$。胞间层是两个相邻细胞中间的一层，两个细胞共同所有。事实上，一般将胞间层和相邻细胞的初生壁统称为复合胞间层。胞间层在细胞成熟时，高度木质化，主要由木素和果胶质组成，也含有纤维素但是含量非常少，在偏光显微镜下显现各向同性。

初生壁是细胞增大期间所形成的壁层。在初生壁形成初期，主要是由纤维素组成的，渐渐地细胞增大速度会减缓，能够逐渐沉积其他物质，因此木质化后的细胞，初生壁的木素含量会非常高。初生壁一般都比较薄，约占细胞壁厚度的1%。在细胞生长过程中，其微纤丝沉积的方向是非常有规则的，一般排列成松散的网状，这样就会限制细胞的侧面生长，最后只有伸长，随着细胞伸长，微纤丝方向逐渐趋向与细胞长轴平行。

次生壁是在细胞停止增大后形成的，细胞不再增大后，壁层会快速地加厚，从而使细胞壁固定而不再延伸，一直到细胞腔内的原生质停止活动，次生壁也就停止沉积，细胞腔变成中空。次生壁最厚，其厚度超过了细胞壁厚度的95%。在次生壁中，S_3 层和 S_1 层薄，S_2 层厚，各层均由近似平行的纤维素微纤丝形成的层膜构成。层膜之间分布着半纤维素和木素。S_1 层厚度为 $0.2\sim0.3\mu m$，层膜有 4~6 层；S_2 层厚度为 $1\sim5\mu m$，含有 30~40 层，有的层膜多达 150 层。S_3 层厚度为 $0.1\mu m$，层膜有几层到十几层。与初生壁相比，次生壁的木质化程度不是特别高，在偏光显微镜下具有高度的各向异性。在木材细胞壁的内表面，还有一种比较常见的"瘤层"（warty layer）结构，通常存在于细胞腔和纹孔腔内壁，指的是细胞壁内表面微细的隆起物，由颗粒结构和无定形结构构成。但目前还没有在轴向薄壁细胞和射线薄壁细胞内壁发现瘤层的存在。瘤层中的隆起物一般都是呈圆锥形，当然也有其他形状，其变化多样。瘤层的化学组成与次生壁和初生壁不同，它是由类似木素的物质和微量碳水化合物组成的。这可能是由解体的原生质的残余物形成而覆盖在次生壁 S_3 层内表面上的、有规则突起的一种非纤维素膜。在一些阔叶材树种中也发现了这种瘤层结构，但不如针叶木普遍。不同树种的瘤层的大小、形状、分布和化学组成有所不同，但在同一树种中，瘤状物的性质却很相似。瘤层对化学溶液具备比较强的抵抗能力，所以在后续的预处理过程会造成一些影响。

举例来说，三倍体毛白杨纤维细胞壁就是非常典型的层状结构。通过透射电镜（TEM）观察，纤维细胞壁由外壁到胞腔分为 5 层，分别为胞间层（ML）、初生壁（P）、次生壁外层（S_1）、次生壁中层（S_2）和次生壁内层（S_3）。在相邻两细胞间有一层很薄的胞间层，与初生壁结合较紧；初生壁也很薄，这两层很难分辨开，构成复合胞间层（ML+P）。S_1 层是比较薄的，颜色相对来说也比较深，在角隅区更加明显。S_2 层就非常厚，颜色相对来说比较浅，占据了细胞壁厚度的大部分，是纤维细胞壁的主体。通过扫描电镜照片发现，S_2 层又分为明显的两层。S_3 层非常薄甚至不明显，这是由于三倍体毛白杨属于速生材，生长周期短，木素在次生壁 S_3 层沉积非常少，木化程度比较低的原因。

2. 非木材纤维原料细胞壁的结构

我们已经知道，木材纤维 S_2 层的厚度约占细胞壁的 70%~80%，而非木材纤维原料中的芦苇纤维的层状结构则与木材纤维的不同，芦苇纤维的 S_1、S_2、S_3 层在细胞壁中的比例基本相同。并且芦苇的次生壁有着 4 层或 4 层以上结构，其原因是由于微细纤维的定向发生变化，在层间界面上，化学成分与其他部位也是不同的。

玉米秸秆中多数细胞都具有次生细胞壁，但是也有一些薄壁细胞只含初生细胞壁。例如往往能够在成熟的薄壁细胞中发现薄次生壁沉积层，而每一薄层中仅含有一层微纤丝片层。这些薄次生壁片层厚度大约在 10nm 左右。这个厚度看起来似乎仅含有一层平行排布的微纤丝，而每一薄层间微纤丝的夹角为大约 50°。次生细胞壁一般也有 S_1、S_2 和 S_3 三个结构片层，它们的厚度随着细胞种类和组织的差异而变化较大，S_2 层通常是最厚的一层，有时还会含有亚层。

毛竹纤维可以分成两种，厚壁纤维和薄壁纤维，通过光学显微镜和电镜观察发现厚壁纤维是非常典型的 ML、P、S 结构，胞间层和初生壁都非常薄，次生壁非常厚，其中 S_2 层是最厚的。而薄壁纤维的次生壁为多层复合结构，层数少的也有 4~5 层，多的可能达到 11 层，次生壁的多层结构是由宽层与窄层交替排列而成的。通过观察发现，毛竹的薄壁细胞是多层结构，可以分成 8~9 个亚层，细胞次生壁也是由宽窄相间的薄层交替排列而成。毛竹薄壁细胞内壁有一瘤层结构，即 WL 层，该层上面广泛分布着瘤状物。

2.2.2　细胞壁的组成成分

植物通过光合作用形成细胞壁物质。在形成过程中，植物由碳、氢、氧等元素组成一系列的有机物质，如纤维素、半纤维素、木素等三种高分子聚合物，并且含量很高，占纤维原料的大部分。此外还含有少量的单宁、果胶质、树脂、脂肪、蜡、配糖物以及不可皂化物等。不同植物的元素组成基本相同，绝干木材平均含碳 50%、氢 6.4%、氧 42.6%、氮 1%。树木中不同部位的元素组成基本相同，但是不同植物原料的化学组成有着非常大的差别。

1. 纤维素

19 世纪 30 年代法国的一位化学家交替地用硝酸、苛性钠、醇和醚处理木材，得到一种纤维状的不溶解组分，称为纤维素（cellulose）。植物细胞壁的主要成分之一就是纤维素，它的化学结构是 1，4-β-D-呋喃式失水聚葡萄糖，它普遍存在于植物细胞壁，是一种聚糖成分，同时也是自然界中最丰富的多糖。它不溶于水，是均一聚糖，由 β-D-吡喃葡萄糖单元通过 1，4-糖苷键连接成无分支的长链。纤维素大分子中的 D-葡萄糖基之间按照纤维二糖连接的方式联结。组成每一纤维大分子的葡萄糖基数目称为纤维素的聚合度。

纤维素在植物纤维原料细胞壁中的含量与细胞发育阶段和植物种类有着很大的关系，不同种类的植物和不同发育阶段的细胞中的纤维素含量差别很大。例如初生细胞壁中只含 1%~10% 纤维素，高等植物的次生壁中则约含 50% 纤维素，某些绿色海藻类的厚壁含有超过 80% 的纤维素，棉花的次生壁则几乎全都是纤维素。

不同木质纤维原料之间以及同一原料的不同部位，纤维素的聚合度大小有所不同。初生细胞壁中纤维素平均聚合度约为 6000 个葡萄糖分子，而在次生壁中可达 14000 个。相对而言，与木材、麻类等原料相比，草类的纤维素平均聚合度则略低一些。纤维素大分子呈带状伸展，葡萄糖链分子平行聚集，由分子内氢键及范德华力维持形成稳定的三维结构。微纤丝的直径大约在 2~4nm。该尺寸在初生壁和木质化的次生壁中都一样，但是在两种木材次生壁中，微纤丝倾向于聚集成直径为 14~25nm 的更大聚合物。尽管人们常常认为初生壁微纤丝中含有 36 根独立的纤维素分子链，但是 ^{13}C NMR 研究显示并没有那么多的分子链（通常大约为 20~25 根）聚集成高度有序的结构，而且，内部分子结构、氢键分布与表面的相关结构也有一定的差别。

在自然界中，纤维素的性质和功能是通过纤维素大分子的聚集体状态以及微细纤维结构决定的，其中纤维素大分子的聚集体状态包括结晶态和无定形态。因为纤维素大分子的聚集，一部分排列整齐、有规则、紧密、分子链取向好，形成了所谓的结晶区。所以纤维素具有特征性的 X 射线衍射图。由于纤维素大分子聚集方式的不同也就是结晶区和无定形区的存在和各自所占的比例的不同，在某种程度上也会对纤维素的酶降解过程一定的影响。

纤维素中的每个葡萄糖基环上都具有 3 个羟基（2 位、3 位、6 位），同时在纤维素大分子的一个末端具有还原性的隐形醛基。这些基团的存在对纤维素的化学和物理性质有着直接的影响，如氧化、醚化、润胀和溶解性能等。纤维素的降解是非常重要的反应，降解反应的形式包括很多种，例如酸水解降解、碱性降解、氧化降解、微生物降解、热降解、机械降解等。这些性质也是纤维素可以被利用于多类产品生产的一个前提条件。如果纤维素可以被纤维素酶降解正是纤维素得以采用生物转化获得可发酵性糖的重要基础。除此之外，纤维素纤维可以吸收一些极性润胀剂（如碱、酸、一些无机盐类、有机溶剂等）发生润胀，当达到一定程度时会被溶解。

据调查显示，每年地球上通过绿色植物光合作用生产的纤维素能够达到 10^{11}t。如何才能将纤维素转化成人类可利用的食物或者有效能源，这也是人们一直在关注和研究的重要问题。

2. 木素

木素（lignin）作为细胞间固结物质填充在细胞壁的微纤丝之间，也存在于胞间层，是仅次于纤维素的一种最丰富的大分子有机物质。木素将相邻的细胞黏结在一起，有着加固木质化植物组织的作用，木质化后的细胞壁既可以增加树木茎秆的轻度，也可以使微生物对树木的侵害有所减少。

　　不同植物之间甚至在同一细胞的不同壁层之间，木素的结构有着很大的差别。木素并不是代表单一的物质，而是代表植物中具有某些共同性的一类物质。19 世纪 60 年代一位学者将溶解的组分称为 "lignin"（木素）。到目前为止木素已经被发现了 100 多年，但是人们还没有完全了解它的化学结构。目前公认木素是由三种初级前驱物（松柏醇、芥子醇、对香豆醇）经酶脱氢聚合形成的一种天然植物高分子。利用不同波长的紫外显微镜研究木材薄片，取得的光谱具有典型的芳香族化合物特征，证实了木材木素中含有苯基丙烷基本结构的观点。目前普遍认为木素是由苯基丙烷结构单元通过碳-碳键和醚键连接而成的具有三度空间结构的高分子聚合物，其基本的结构单位有愈疮木基丙烷、紫丁香基丙烷和对羟苯基丙烷三种（图 2-2-2）。用硝基苯氧化或用乙醇解方法已经证明在针叶木的木素与阔叶木中的木素其化学结构是不相同的，草类原料中的木素与木材木素也不同。

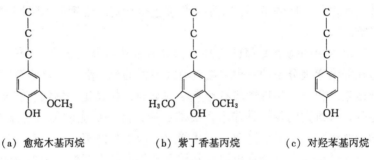

（a）愈疮木基丙烷　　　　（b）紫丁香基丙烷　　　　（c）对羟苯基丙烷

图 2-2-2　木素的基本结构单元

　　在针叶材中木素是均匀的，但在阔叶材中却是非均匀的，其纤维的细胞次生壁中有高含量的紫丁香基木素，细胞角隅和细胞间层中是愈疮木基型木素，导管壁中主要也是愈疮木基木素。根据结构单体单元的不同可以将木素分成两类：一种是愈疮木基木素（G-木素）类，主要是存在于一些隐花植物和针叶材中，含量分别是 15%~30% 和 24%~34%，这类木素含有 80%~96% 愈疮木基丙烷单元（针叶应压材中的木素除外，只含 70% 左右），其他还有对羟苯基丙烷单元和很少的紫丁香基丙烷单元。在针叶材木素中只含痕量的香草酸和阿魏酸酯基。另一种是愈疮木基-紫丁香基木素（GS-木素）类，主要存在于阔叶材中，一般含量为 16%~24%，S/G（紫丁香基丙烷/愈疮木基丙烷）= 1~5；热带阔叶材含量为 25%~33%，S/G 比一般的低；有些比较特殊的针叶材含量为 23%~32%，S/G=

1~3；草类（如谷草及竹等）含量为 17%~23%，S/G=0.5~1.0，其中还有 7%~12% 的酯类，主要是对香豆酸和阿魏酸的酯。由于这些酯键并不是真正结合到脱氢聚合物上去的，所以这种草木素应归愈疮木基-紫丁香基木素类中，而并不应像一些分类中将草木素列为第三类，称为愈疮木基-紫丁香基-对羟苯基木素（GSH-木素）类。

由于木素的化学结构比较复杂，同时存在不均匀性，所以人们在研究木素结构时总是很苦恼。人们一般是通过磨木木素、纤维素水解酶木素的分离、萃取和纯化，然后对样品进行研究和分析，证实和推测木素上的基团和连接的形式。在实验室条件下，人们模拟合成木素脱氢化合物，结合同位素标记，研究木素的结构与形成机理，来证明原来的推测。经过试验研究已经证实，木素分子上具有甲氧基、羟基、羰基等基团。经过定性和定量测定，一般针叶材木素中甲氧基含量为 13.6%~16.0%，阔叶材木素中的甲氧基含量为 17.0%~22.2%。木素中的羟基有两种类型：一种是存在于木素结构单元侧链脂肪族上的羟基；另一种为存在于木素结构单元苯环上的酚羟基。大部分以醚化的形式与其他木素结构单元连接，小部分以游离酚羟基形式存在。木素中的羰基一部分为醛基，另一部分为酮基，存在于木素结构单元的侧链上。木素的结构单元基环之间的连接方式有醚键和碳-碳键连接两种，主要是醚键连接。

随着对木素的不断研究和科学技术的不断进步，开始出现了一些先进的技术手段可以对木素结构进行定性和定量的研究，尤其是紫外线光谱法（UV）、红外线光谱法（IR）和核磁共振（NMR）技术的应用。这些技术手段可以非破坏性地对木素的天然结构直接进行测定，这样一来研究结果就会更加真实、可靠。人们对木素的研究在不断进行着，其认识深度也逐渐地有所增加，知识总量也随之增加，有一些学者提出了很多的木素结构模型物，但是这些结构模型并不一定是相关木素的天然结构。

红外线光谱法样品准备起来比较方便，而且操作也非常简单，所以被用于木素的定性研究。采用溴化钾压片法制备样品，观测红松和山毛榉木材的红外线光谱图。结果显示，在愈疮木基和愈疮木-紫丁香基木素中大多数吸收峰位于 1000~1800 波数之间。研究者们对主要的吸收峰对应的基团或者化学键给予了最大可能的解释，图 2-2-3 为红松和山毛榉木材的红外吸收光谱图。

由于木素是一种芳香族化合物，在紫外区域有着强烈的吸收光谱，所以紫外分光光度法也被普遍应用于木素的定性研究。针叶材松木木素在 280~285nm 之间有一个最大的吸收峰，而阔叶材山毛榉在 274~276nm 有最大的吸收峰。核磁共振技术可以提供木素分子的多种信息，对木素研究有着非常大的帮助。特别是一般化学方法对化学键定量数据不完善时，它就可以完美地弥补这个不足。通过得到的核磁共振谱图，来了解化学位移，从而判断出相关原子的化学环境，证实其与邻近元素的结合和化学键情况。

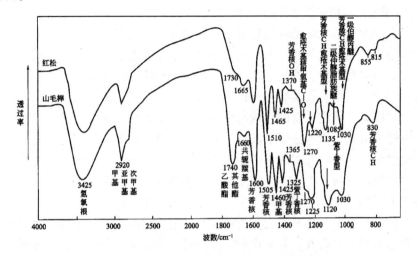

图 2-2-3　红松和山毛榉木材的红外吸收光谱图

天然木素的分子量相对来说还是比较大的，高达几十万，其亲液性集团很少，所以基本上不溶于水和一般的溶剂。不过根据木素的性质和溶剂溶解性参数与氢键的结合能的不同，木素在特定溶剂中的溶解性能有所差异。例如碱木素可以溶于稀浓度碱液、碱性或中性极性溶剂中，木素磺酸盐可溶于水中形成胶体溶液，这也是造纸工业中采用化学法制浆和生物转化过程前采用碱法预处理的基本依据之一。

由于木素中存在不同形式的连接和基团，所以木素具有一定的化学反应活性。与纤维素相比，木素的众多基团由于差异性使木素的化学反应更加复杂。木素在水中通常不会发生水解作用。当温度升高以后，木素可以分解出少量的无机酸，无机酸的生成会降低介质的 pH 值，使得木材原料发生酸性水解。这个过程在纤维制浆工业中被称为预水解。在一定条件下，随着温度不断地升高，处理时间的延长，木素、纤维素、半纤维素三种主要成分都有不同程度的水解降解。其中木素的抗水解能力是最强的，其次是纤维素，半纤维素最容易水解。将经过处理的铁杉用 175℃ 的水蒸煮 45min，水溶液经过浓缩后得到松柏醛、香草醛等芳香族化合物，相关专家认为这就是木素的水解产物。

在化学法纤维制浆中，木材在亚硫酸盐和过量的 SO_2 溶液中蒸煮，其工艺过程可以分成三个阶段，分别是蒸煮药液对木材的渗透阶段、木素磺化阶段和木素成为木素磺酸盐溶出阶段。在木素磺化阶段，反应体系中存在多种离子的协同作用，产生磺化和水解两种反应，磺化使亲水性的磺酸基进入木素高聚物内，而水解则打开醚键，产生新的酚羟基，降低分子量，二者的共同作用都是增加木素的亲水性，使木素从木材中不断溶解出来。

在高温条件下，植物纤维原料中的木素能够与氢氧化钠水溶液反应，木素中的多种醚键受氢主根离子的作用而发生水解降解。

木素能够与次氯酸盐、二氧化氯和过氧化氢等氧化剂发生反应。次氯酸盐与木素发色基团的反应是形成环氧乙烷中间体，最后进行氧化降解，最终产物为羧酸类化合物和二氧化碳。二氧化氯能够使木素芳香环氧化裂开生成其他衍生物，可以选择性地氧化木素和色素，并且对纤维素损伤比较少。过氧化氢能够在溶液中产生过氧酸根离子，从而使木素的发色基团脱色。

木素发生降解的原因可能是因为受到水、热的作用，也可能是因为木素活化而发生缩合。有人说这是热压时纤维相互结合的因素之一。在水煮的过程中，温度达到130℃，木素就会自动地开始缩合，到了140~160℃时缩合反应的速度就会开始加快，这就是木材在水煮高温时，木素溶解速度比较慢的原因。水对木素的缩合反应有着非常大的影响，当水分比较多的时候，半纤维素等容易降解的碳水化合物剥离下来溶于水中，而使被活化降解的木素暴露在外面，从而有利于缩合反应的进行；反之，当水分比较少的时候，覆盖在木素表面的降解化合物就可以起到保护作用，阻碍木素进一步的缩合反应。因此，在水煮工艺中，要求液料比要适合。

3. 半纤维素

半纤维素（hemicellulose）是指植物细胞壁中除了纤维素和果胶之外的全部碳水化合物聚合物（除了少量的淀粉）的通称，也被称为非纤维素碳水化合物。半纤维素与纤维素不同，半纤维素常常是高度分支的、取代的、异质的，由一系列亚单位组成，这些亚单位包括糖、糖酸和非碳水化合物基团。这种复杂的结构将半纤维素和植物细胞壁中其他多糖区分开，赋予它们水溶性、易吸水性，并与植物细胞壁许多其他成分高度交联。

半纤维素是由2种或2种以上单糖基组成的不均一聚糖，大多带有短的侧链。构成半纤维素线性聚糖主链的单糖主要是木糖、葡萄糖和甘露糖。构成半纤维素短的侧链糖基有木塘、葡萄糖、半乳糖、阿拉伯糖、岩藻糖、鼠李糖和葡萄糖醛酸、半乳糖醛酸等。其中比较常见的半纤维素主要有阿拉伯木聚糖、4-O-N基葡萄糖醛酸木聚糖、葡萄甘露聚糖、半乳葡萄甘露聚培、木糖葡萄聚糖等。

禾本科植物如谷类茎秆的半纤维素具有（1→4）连接的β-D-吡喃木糖主链，通常主链是分支的并具有其他配糖单元。一些半纤维素木聚糖主链上具有D-吡喃式葡萄糖醛酸单元，但是最主要的半纤维素是O-乙酰基-4-D-甲基-D-葡萄糖醛酸木聚糖和L-阿拉伯糖（4-D-甲基-D-葡萄糖醛酸）木聚糖。禾本科植物的木聚糖中包含1%~2%的O-乙酰基。草类细胞壁中包含有1%~2%的酚酸化合物。在大麦细胞壁中每31个阿拉伯糖中有一个被对香豆酸酯化，每15个中有一个被阿魏酸酯化。通过碱抽提获得的半纤维素能够被分级成为半纤维素A、半纤维素B、半纤维素C。半纤维素A大多数是呈线状，很少有酸性。而半纤维素B呈酸性，且具有分支结构。草类和谷类的木聚糖具有较高分支度，除了具有与木材木聚糖相同的主链外，还含有少量的糖醛酸以及大量的L-阿拉伯呋喃糖单元，与木糖在C-3位连接。具有低分支度的木糖不易溶于水，与纤维素连接相对紧密；而高分支度的木糖则更易溶于水，与纤维素连接相对松散。

经过对大量的研究分析，半纤维素与纤维素、木素和蛋白质之间有化学连接或者紧密结合。其中，半纤维素与木素之间通过酯键或醚键相连。例如，阿魏酸以酯键与半纤维素连接，以醚键与木素连接，形成"半纤维素-酯-阿魏酸-醚-木素桥联"。此时，阿魏酸醚可能在木素和半纤维素之间形成交联结构（在木素侧链的β位），通过羧基同时在阿拉伯葡萄糖醛酸木聚糖的阿拉伯糖取代基的C-5位进行酯化作用。已经鉴定出麦草细胞壁中二阿魏酸与阿拉伯木聚糖和木素之间存在交联作用（半纤维素-酯-二阿魏酸-醚-木素桥联结构）。多数对香豆酸主要通过酯键与木素侧链的γ位连接（对香豆酸-酯-木素结构）。只有很少数与阿拉伯葡萄糖醛酸木聚糖的阿拉伯糖基以酯键连接（对香豆酸酯-半纤维素结构）。在木化组织中，半纤维素常通过葡萄糖醛酸侧链的羧基（C-6）与木素以酯键连接。禾本科植物的细胞壁中，木素聚合物是通过酯键和芳基醚键与阿拉伯糖基和木糖基连接，麦草细胞壁中大部分苯甲基醚键在木素大分子侧链的α位醚化，在碱性条件下降解比较难。

植物细胞壁中，大部分纤维素与半纤维素之间没有共价键作用。人们是这样认为的，半纤维素与纤维素细小纤维以氢键连接，半纤维素的某些部分能够相互作用，而其他部分与纤维素紧密结合。此外，半纤维素和蛋白质之间有化学键的连接。如图2-2-4所示为蛋白质-半纤维素结构示意图。

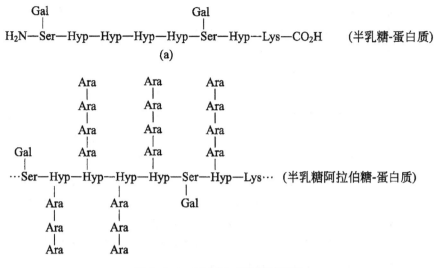

图 2-2-4　蛋白质-半纤维素结构

Ara—阿拉伯糖基；Ser—丝氨酸；

Hyp—羟基脯氨酸；Lys—赖氨酸；Gal—半乳糖基

　　根据半纤维素的组成特征可以发现，基环间的连接是糖苷键，含还原性末端，与纤维素相似，基环上具有羟基，也容易发生酸性水解和剥皮反应，也能够进行氧化、还原、醚化和酯化反应。但是因为半纤维素的聚合度比较低，具有支链，支链不能形成紧密的结合，所以会使无定形区增大，试剂可及度增大，所以与纤维素相比，半纤维素的溶解度、化学活性、化学反应速度都比较大。不过半纤维素也有一些问题，因为半纤维素的组成和结构是比较多样化的，所以其反应情况比纤维素更加复杂，反应产物的化学性质也有着一定的差异。

　　就其溶解性而言，分离得到的半纤维素比天然半纤维素的溶解度要高。半纤维素中有部分聚糖是易溶于水的，但是绝大部分不溶于水。例如阿拉伯聚糖易溶于水，针叶木中的阿拉伯葡萄糖醛酸木聚糖易溶于水，而阔叶木的葡萄糖醛酸木聚糖在水中的溶解度要相对小一点。一般聚合度越低，分支度越大的越易溶于水。在一定高温热水条件下，半纤维素易于水解生成酸，成为其他成分水解过程中的催化剂，加速水解进程，从而促使其他成分的溶解和纤维的分离。这种现象在目前较多的预处理工艺中都有体现，如蒸汽处理、高温热水处理等。此外，半纤维素不同聚糖在碱液和酸液中的溶解度也不相同。由于半纤维素的上述性质，在工业应用中，经常利用水或稀酸提取木质纤维素原料中的一些半纤维素组分，进而加工成低聚木糖、木糖和其他糖类。在制浆造纸工业，半纤维素则希望尽可能地保留下来，以提高纸浆的得率。在木质纤维素生物转化过程中，对原料采取的多种预处理措施，如蒸汽爆碎、高温热水处理、稀酸处理等，均能够使大部分半纤维素溶解出来。

因为半纤维素的结构比较复杂，所以半纤维素酶水解需要用到多种酶共同协调作用。木聚糖的酶水解首先由内切木聚糖酶断开木聚糖骨架，产生寡糖，寡糖是一种分子量低的低聚糖，然后由外切酶将木寡糖和木二糖分解为木糖。阿拉伯糖苷酶能够水解阿拉伯木聚糖中的1，3-阿拉伯糖苷键和1，5-阿拉伯糖苷键。在有木聚糖酶存在时，二者能够协同作用，能够迅速地水解木聚糖。阿拉伯糖苷酶在秸秆纤维素降解中起着非常重要的作用。木聚糖类半纤维素是一种可再生的碳水化合物资源，经过生物降解后所产生的木糖和其他单糖，能够用作基本碳源来生产各种发酵产品，包括有机酸、氨基酸、单细胞蛋白、糖类、燃料醇类等，在解决能源危机问题方面起着重要的作用。

各种植物纤维原料的半纤维素含量、组成结构均不相同，同一种植物原料的半纤维素也会有多种结构。阔叶木半纤维素主要是木聚糖和甘露聚糖，针叶木半纤维素的组成比阔叶木复杂，主要有两类：半乳葡萄甘露聚糖类和木聚糖类。阔叶木的半纤维素主要是部分乙酰化的酸性木聚糖，桦木含有的这种半纤维素大约35%，而棉木只含有13%。还有少部分阔叶木半纤维素是由甘露糖组成的聚糖。针叶木半纤维素主要是部分乙酰化的半乳葡萄甘露聚糖，除了这些半纤维素以外，落叶松心材中10%～20%的半纤维素由阿拉伯半乳聚糖组成，其次是木聚糖。除此之外，针叶木还含有少量阿拉伯半乳聚糖、阿拉伯聚糖和果胶质。

4. 次要成分

植物纤维中除了纤维素、木素和半纤维素这三个主要成分之外，还有一些含量比较少的次要成分，如单宁、树脂、色素、香精油、蛋白质、生物碱、灰分、果胶等。这些成分中有很多都可以被有机溶剂如水、乙醇、乙醚、苯、丙酮等抽提出来，所以称为"抽出物"。在木材抽提物中包含多种类型的天然有机化合物，其中最常见的是多元酚类，当然还有树脂酸类、萜类、酯类、碳水化合物等。

（1）树脂类化合物。这类化合物包括一些复杂的化合物如树脂酸、脂肪酸及其酯类、萜类、醇类等。木材中的树脂含量与树种、树株的部位有关。通常情况下，阔叶材树脂含量要低于针叶材树脂含量，阔叶材树脂几乎完全存在于射线薄壁细胞内；而针叶材树脂含量最高可以达到25%，主要存在于树脂道内，某些针叶材的射线薄壁细胞也含有树脂。此外，对于同一树株，长叶松边材树脂含量约为2%，而心材达到7%~10%，近根基部心材树脂含量高达15%。

（2）多元酚类化合物。酚类物质存在于多种木材中。植物单宁属于多元酚的衍生物，分子量在3000~5000之间。植物单宁分为水解类和凝缩类单宁。凝缩类单宁包括黑荆树单宁、儿茶酚单宁等。水解类单宁大多是多元酚酸与糖类形成的酯，分子中的酯键容易受稀酸、稀碱或者酶（单宁酶）的作用，水解分裂成为糖类和多元酚酸。有时在温水中也能水解。五倍子单宁、漆树单宁和橡树单宁属于水解类单宁。凝缩类单宁是由简单的烷醇类化合物经过分子间脱氢缩合形成的多元酚类聚合物。在酸的作用下，凝缩类单宁不能水解，会进一步缩合，形成暗红色或棕红色不溶于水的红粉沉淀。

单宁存在于树木的叶、果实、木材、树皮和根部，分布比较广泛。一般是以树皮含量为最高。在木材中心材含量比边材要高，并且大多聚集在木射线和薄壁细胞中。树皮中的单宁大多都属于水解类单宁。木材中的单宁因树种不同而有所差异。栎木和栗木的单宁则属于水解类，而坚木和桉树心材单宁属于凝缩类单宁。

（3）碳水化合物。在抽提物中，还包含有如糖类、淀粉类和果胶类等一些可溶性的碳水化合物。

（4）生物碱及黄酮类化合物。生物碱是存在于树木体内具有重要生理活性的一类天然化学物质。一些生物碱，如奎宁、紫杉醇等，可以应用于疾病的治疗。黄酮类化合物是树木中存在的另一大类化学物质。树木木材、枝叶、花果、种子、树皮都含有黄酮类化合物。它不仅属于天然色素物质，而且普遍认为，还具有多种生理活性，对治疗和预防心血管疾病具有相当的功效。

（5）灰分是指植物纤维中的无机盐类，主要是钾、钠、钙、镁、硫、磷、硅的盐类。木材中的灰分在0.2%~1.0%之间，草类原料中灰分会稍微高一些，特别是稻草灰分高，灰分中的SiO_2的含量较高，使用碱法处理会出现废水处理难题。此外，酶解过程中，木质纤维素中含有的一些金属离子可能会对酶解产生一些影响。

（6）淀粉、果胶类淀粉在细胞腔中的含量并不多，属于储存物质，易溶于热水。淀粉主要是在木材的薄壁组织和木射线内存在，也存在于一些树木的髓部。果胶物质则是一种由半乳糖醛酸组成的多聚体，通常可以将其分为三类：果胶酸、果胶和原果胶。植物细胞的胞间层则基本上是由果胶物质组成的，果胶能够使相邻的细胞黏合在一起。一般原料中果胶的含量并不多，它们比较容易被稀碱液分解溶出，在植物中以果胶酸盐的形式存在，人们认为植物中灰分的来源是果胶酸盐。

5. 木质纤维素成分的分析测定技术

若想对木质纤维素原料的可利用性能、对生产工艺过程做出准确的评估，就要对木质纤维素材料中各成分进行准确的分析和测定。目前来说，绝大部分采用的方法是对资料报道进行分析和对木质纤维素化学组分进行测定。不同国家和不同行业之间遵循的标准有所差异，再加上不同的测定方法，就会出现一种对同一种原料有着不同的测定结果的现象，有的结果差别还非常大，所以也无法将不同研究者得到的研究结论进行对比研究。接下来对植物纤维原料化学组成含量的分析和测定方法进行了研究分析，主要有两种分析和测定方法：化学法和光谱法。

化学法是利用某些化学试剂与原料在某种特定条件下进行作用，选择性地保留希望测定的化学组分，与此同时，尽可能地将其他组分去除。化学法的优点比较明显，就是实施起来非常方便，测定成本也较低，测定结果具有比较好的重现性。当然，化学法也存在一些缺点，就是测定程序比较麻烦、耗时多，难以同时进行大批量样品的测定，在反应过程中难以做到在完整地保留一种组分的同时将其他组分全部取出，因此这也导致了测定值与实际值之间的差异。比如说，在利用硝酸-乙醇法测定原料中的纤维素含量时，在硝酸-乙醇处理后最终获得的纤维素样品中还含有少量的木素和半纤维素组分，且保留的木素和半纤维素量与原料种类有关。就针叶木来说，最后获得的硝酸-乙醇纤维素样品中聚戊糖含量大约为 5% ~ 6%，而对阔叶木而言，聚戊糖含量约在 9% ~ 10% 之间。在蔗渣硝酸乙醇纤维素样品中，聚戊糖的含量约为 19.9%，木素的含量约为 4.59%。

化学法还可以分成差值法和直接法。其中，差值法是将原料按照一定的程序依次采用不同的化学药品进行处理，并顺序测定两步处理之间的差值（原料的失重）。在计算时以处理前的绝干原料重量为 100%，分别计算出差值占原始原料重量的百分比，得到的数值就认为是其中一种化学组分的含量。例如，在饲料工业，利用范氏法（Van Soest 法）分析测定纤维素原料的化学组分含量就是根据这一原理。用范氏法测定泵料中纤维素、半纤维素和木素的含量时，首先利用中性洗涤剂煮沸 1 ~ 2h 后过滤，可将原料分离成中性洗涤剂可溶物（NDS）和中性洗涤纤维（NDF）。NDF 中主要含有纤维素、半纤维素、木素、硅酸盐和少量蛋白质。然后用酸性洗涤剂（硫酸和十六烷基三甲基溴化铵的混合物）煮沸 1h，过滤后的残渣称为酸性洗涤纤维（ADF），它主要包括纤维素、木素和硅酸盐。

ADF 再进一步利用 72%硫酸在 15℃下处理，过滤后将获得的残渣洗涤至无酸性。将残渣烘干后称重，然后再将其灰化，并测定灰分重量。烘干残渣量与灰分量之差即为酸不溶木素（ADL）。按照上述程序，原料中纤维素全量为 ADF、ADL 和灰分的差值（ADF-ADL-灰分）。而组分 NDF 和 ADF 的差值就是原料中半纤维素的含量（NDF-ADF）。

差值法存在的缺点就是，在处理过程中可能会保留或者溶出一些本不希望保留或溶出的化学组分，这样一来就会使测量值与实际值之间出现或大或小的偏差。举例来说，在范氏法测定中，采用中性洗涤剂并不能完全去除原料中的蛋白质和淀粉类物质。所以，在分析测定高蛋白质和/或高淀粉含量的样品时，将导致该步处理后的样品中还含有较多量的蛋白质和淀粉组分，从而影响了该方法的准确性。在造纸工业中，通过测定原料中综纤维素（包括纤维素和半纤维素）含量和纤维素含量，半纤维素含量也可通过计算两者之间的差值获得。但由于在分离获得的纤维素样品中，会含有少量的半纤维素和木素组分，所以与实际值相比，利用差值法求得的半纤维素含量可能会低一些。

直接法就是采用不同的处理方法和步骤，直接测定出各个化学组分的含量，其中包括抽出物含量、纤维素含量、聚戊糖含量、酸溶木素含量、酸不溶木素含量、灰分含量等。在测定过程中，因为使用的化学药剂和反映条件的不同，测定出的结果之间也是有差别的。比如说，某些资料显示，在对原料中抽出物含量进行测定时，使用的有机溶剂有乙醇、苯-乙醇混合物、丙酮、乙醚等，由于它们的溶解性不同，导致测定出的抽出物含量会有些差别。因此在报告中需要注明是何种有机溶剂抽出物的含量。在纤维素含量测定中，根据使用化学药剂的不同，可分为氯化法、硝酸乙醇法、二氧化氯法、乙醇胺法、次氯酸盐和过乙酸法等。其中氯化法和硝酸乙醇法最为常用，但采用这两种方法制备出的纤维素样品中都会含有不同量的半纤维素和木素。相比较而言，氯化法的操作步骤比较繁琐，测定装置也比较复杂，而且不适用于非木材纤维原料，而硝酸-乙醇法则不需要特殊装置，操作也比较简单、迅速，试样不需要有机溶剂预抽提，与氯化法相比，这个方法制备出的纤维素样品的纯度更高，所以使用硝酸-乙醇法的更多。

在很多行业都需要测定纤维素原料的组分，例如造纸、饲料、纺织等行业，从而对原料的性质和某些性能作出判断。但是不同的行业的评价目的和要求不同，他们可能会采用不同的标准进行测定。除此之外，不同国家和地区的规定的相关标准方法也有一定的差别。例如，测定时要求选择使用的化学试剂种类和药剂用量、反应条件、反应程序等也不尽相同。这也导致分析测定结果相互之间存在差异。所以，建议在选择一种分析方法前，最好首先将该方法与其他方法的分析结果做对比分析，来判断是否选用该方法来进行综合评价。

为了能够对各个不同研究机构和研究人员得出的研究结果进行对比研究，美国国家可再生能源实验室出版了一份技术报告，对分析和测定生物质原料中不同化学组成（如抽出物、灰分、淀粉、木素、碳水化合物等）的方法和测定用样品的准备（湿度、粒径大小等）方法进行了规定。其中，测定抽出物含量时，根据原料的种类可以选择采用水-乙醇两步法抽提或者单独仅采用乙醇抽提。将抽提后的样品分别采用72%的硫酸（30℃，60min）和4%的硫酸（121℃，60min，然后缓慢冷却至室温）进行两步水解，水解后过滤得到的残渣就是酸不溶木素。利用紫外分光光度计测定滤液中酸溶木素的含量。用碳酸钙将滤液中和至 pH 值为 5~6，取上清液，采用 HPLC 分析其中纤维二糖、葡萄糖、木糖、半乳糖、甘露糖、阿拉伯糖等的含量，并将其换算成葡聚糖和各种聚糖的量。

在测定木素含量时，通常采用浓硫酸-稀硫酸两步水解法。通常是先使用72%（质量分数，下同）的硫酸在 18~20℃ 下水解 2h（木材）或 2.5h（非木材），然后用3%的硫酸煮沸 4h，使得聚糖变成单糖完全溶出，过滤后测定剩余的残渣重量，就是酸不溶木素的含量。然后将分离出来的滤液在 205nm 下测定光吸收值，根据朗伯-比尔定律，能够求出滤液中酸溶木素的含量。进而计算出原料中总木素的含量。在测定木素含量时，硫酸的浓度、水解时间、温度、加酸量等均对测定值有影响。在测定一些灰分含量高的非木材纤维原料时，由于部分未溶解灰分还存在于获得的木素之中，所以还需要进一步测定酸不溶木素中灰分的含量来校正分析结果。

在测定半纤维素含量时，通常是采用12%的盐酸水解法，在试样与盐酸共沸条件下将样品中的聚戊糖转化为糠醛，并用溴化法定量测定出蒸馏出来的糠醛的量，然后换算出聚戊糖的含量。该方法测定出的是原料中半纤维素五碳糖的总量，若想要测定各种单糖的含量，可以将试样酸水解后，采用 HPLC 测定。

差值法和直接法在分析研究植物纤维原材料的组成和性质方面已经被广泛地认可，有些已经被制订成国家标准方法，在原料准备、试剂要求、测定条件和操作程序等方面做了详细的规定。但是，在木质纤维素材料生物转化研究中，在纤维素酶解前原料通常都要经过必要的预处理步骤，以此来使纤维素的酶解转化率有所提高。木质纤维素材料在经过某些预处理过程之后，一些组分的性质会发生一定程度的改变，导致其溶出或保留的性能也发生相应变化。所以，在利用化学法分析测定预处理后原料的化学组分时，可能会出现一些偏差。例如，植物纤维原料在经过稀酸或某些碱性预处理后，其中部分纤维素发生降解，纤维素的分子量和聚合度降低，变得更易于被某些溶剂溶出。在"直接法"如利用硝酸乙醇法测定纤维素含量时，在化学处理阶段可能会有更多的纤维素被溶解，进而导致测定值可能偏低。在 NREL 采用 HPLC 法测定葡聚糖含量时，由于首先需要对物料进行乙醇抽提，由于纤维素部分降解后的低分子量产物、部分半纤维素糖在抽提阶段被溶出，会导致抽出物含量的测定值增加，而葡聚糖含量的测定值比实际值降低。在差值法测定时，由于纤维素的溶解导致测定出的酸性洗涤纤维（ADF）的量偏低一些，以此为基础计算出来的纤维素的含量也就可能比实际值小一些。在进一步计算糖的得率和转化率时，这些误差就会造成一定的干扰，应该充分对这些误差进行注意。还有比较相似的情况，例如在测定木质纤维素材料的其他组分含量时，也要注意预处理过程可能对其产生的影响。

随着科学技术的不断发展和进步，各种先进的现代分析仪器也随之出现，除了传统的化学分析方法之外，大量的仪器分析手段和现代分析测试技术越来越多地应用于木质纤维素原料的组成分析。例如紫外-可见光谱法被应用于原料中木素含量的定量分析；将纤维试样与 12% 的盐酸共沸，使聚戊糖转化成糠醛，利用分光光度计法定量测定蒸馏出的糠醛含量，并换算成聚戊糖，可获得原料中半纤维素的含量；利用差示红外光谱法可定量分析纤维素试样中的木素含量；利用样品的近红外光谱的特征吸收峰与样品成分含量之间建立的数学关系，可以迅速地对未知样品的化学成分含量进行预测。气相色谱、液相色谱和气相色谱-质谱联用（GC-MS）等技术也已经较为广泛地应用于木质纤维原料中糖类组分组成等定量分析。

与传统的化学分析手段相比，仪器分析技术具有很多传统化学分析手段没有的优点，比如说操作简便、迅速，有些还能够实现在线测量等。当然，仪器分析技术也有着一些缺点，例如通常来说分析仪器的价格都比较贵，这样一来设备成本就很高、样品在分析前通常需要做进一步的化学处理、在测量过程中需要纯化学品作对照物或绘制标准曲线、在建立样品性质与吸收峰之间的数学模型过程中需要化学分析方法的辅助等。所以，化学分析技术与仪器分析技术都有一定的优点和不足，从某种意义上说，这两者是相辅相成、协同合作的。

2.2.3　细胞壁中主要化学成分的分布

　　木质纤维原料的细胞壁主要是由三种成分构成的，分别是纤维素、半纤维素和木素。在细胞壁中，纤维素是以分子链聚集成束和排列有序的微纤丝状态存在的，能够起到骨架物质作用。半纤维素则是以无定影状态渗透在骨架物质当中，能够起到基体黏结作用，所以称之为基体物质。木素在细胞分化的最后阶段木质化过程中形成。它是渗透在细胞壁的骨架物质和基体物质之中，包围在微细纤维、毫微纤维等之间，是在纤维与纤维之间形成胞间层的主要物质，能够使细胞壁坚硬，因此称之为结壳物质或是硬固物质。也有一些观点认为，云杉管胞的细胞壁由许多以含木素和碳水化合物为主的同心层组成。木素并不是均匀地分散在整个细胞壁中，而是和半纤维素在一起，以形成切向同心薄层的状态聚集的。

1. 细胞壁中木素的分布

　　木素是一种具有很多种用途的物质，是一种填充和黏结物质，还可以加工成多种高附加值产品。木素是裸子植物和被子植物木质部细胞壁的主要组成成分之一，在细胞壁中以物理或化学的方式使纤维素纤维之间黏结和加固，使木材具有一定的机械强度，并且能够抵抗微生物侵蚀。纤维板生产中细胞壁胞间层中高含量木素的存在能够使纤维板的坚固性更强。但是在大多数情况下，需要从木质纤维素材料中脱除其中的木素，从而制备出高质量的纤维或促进纤维素生物降解效率。对于木素在细胞壁中的分布情况，国内外已经开展了相关的很多研究。

　　研究木素在细胞壁中的分布情况的方法有许多种，其中紫外显微法是根据紫外吸收的不同来确定木素在各层中的相对含量；溴或汞与 X 射线能谱仪（EDXA）结合法是根据能谱仪分析与木素发生特性反应的溴或汞的含量来确定木素的相对含量；荧光显微法能够通过自动荧光或染色将木素的分布形象地显示出来。

　　在典型的针叶木管胞细胞壁中，复合胞间层比次生壁的木素化程度要高，管胞不同形态区的木素化程度存在差别。就木素化程度而言，细胞角隅区的木素化程度最高，木素含量分布通常超过 70%（质量分数）；其次是细胞壁的复合胞间层，其中的木素含量超过 50%（质量分数）；而次生壁的 S_2 层仅含有大约 20%（质量分数）的木素。但就木素的数量分布而言，由于次生壁在细胞壁层中占有大部分的体积，而胞间层较薄，所以木材中大部分木素存在于次生壁中。例如，利用紫外显微镜观察黄杉的木素分布，发现复合胞间层木素含量很高，尤其是细胞角隅，但复合胞间层木素含量只占木素总量的 28.7%（早材）和 16.6%（晚材）。次生壁的木素含量比复合胞间层低，但是由于次生壁的体积较大，占组织总容积的 85.9%（早材）和 93.6%（晚材），故其木素含量占总木素含量的 70% 以上（早材）和 80% 以上（晚材）。对于纸皮桦这种阔叶材而言，纤维次生壁的木素含量占总木素含量的 60%。此外，由于同一年轮内细胞壁形态的变化可能会引起早材和晚材中木素含量的不同。比如，由于晚材管胞的次生壁较厚，复合胞间层中木素含量减少，因此与早材相比，晚材中的木素含量降低。使用干涉显微镜对辐射松的研究发现，细胞壁中木素的分布存在显著不同，特别是细胞角隅胞间层木素的含量。对无性系繁殖的细胞研究表明，木素分布的不同起源于遗传因素。

通常来说，虽然正常木材中的 S_2 层木素的分布比较均一，但是有时也会有分布不均一的现象。并且，S_2 层的木素化程度也是不均一的，其与胞间层或胞间层与 S_2 层的中间层或 S_2 层木素分布比较类似，主要是取决于树种及采用的分析方法。木素在 S_1 内层与外层中的分布也是完全不同的，外层木素含量高，而内层含量低。由于辐射松在生长过程中细胞壁 S_1/S_2 交界处产生裂痕，S_1 层，尤其是在 S_1 层与 S_2 层交界处，木素的分布斑驳不一致，一般情况下，木素含量比 S_2 层要低。定量研究表明，S_3 层比相邻的 S_2 层木素化程度高，木素含量值在胞间层和 S_2 层之间。但是一般的观点认为，S_3 层的木素化程度是不均一的。在道格拉斯杉木和落叶松中，S_3 层木素含量分布与 S_2 层相似。

通过分析几种针叶木细胞壁的组分发现，次生壁中木素的酚羟基含量是胞间层的 2 倍。胞间层木素比次生壁木素分子量高，氧含量高。用自动微显影技术研究发现，在黑松复合胞间层中对羟苯基木素的含量高。胞间层中缩合的愈疮木基结构单元比次生壁中高。次生壁内层中只有痕迹量的紫丁香基结构单元出现。也有人发现，在欧洲云杉正常胞间层中含有少量的对羟苯基结构单元。

由于射线细胞随细胞类型和树种而变化，所以相关学者很少研究射线细胞木素分布。利用紫外显微镜和干涉显微镜研究发现，日本柳杉在射线细胞壁中木素含量较高（约 44%），分布均匀。有相关报道中称云杉射线细胞中有较高的木素分布。在松木中，厚壁射线细胞和射线管胞是木素化的，而薄壁细胞是非木素化的。落叶松厚壁射线细胞与轴向管胞的木素化程度相似。

阔叶木次生壁和胞间层中木素的分布情况与针叶木比较相似，但是阔叶木次生壁的木素化程度要比针叶木管胞低。采用紫外显微镜法研究了白桦的木素分布，发现纤维细胞次生壁中木素含量为16%～19%，而胞间层为72%～85%。采用TEM/EDS法研究白桦次生壁和胞间层及导管中木素的分布，结果表明纤维细胞次生壁木素含量平均值为16%、导管为22%、胞间层为72%。

被子植物的木素是由愈疮木基（G）和紫丁香基（S）结构单元混合组成。其中典型的阔叶木导管的次生壁和胞间层中含有愈疮木基，而纤维次生壁及薄壁细胞的细胞壁主要含有紫丁香基结构单元，同时还含有愈疮木基结构单元。在白桦导管次生壁中G:S为88:12，而纤维细胞G:S为12:88，薄壁细胞为49:51，该比值随树种不同而不同。对多种阔叶木的研究发现，木素结构单元的组成受细胞类型、在同一年轮内的位置、导管的排列方式、树木的习性等因素影响，主要包括三种方式：①所有细胞富含愈疮木基木素，存在于导管少的阔叶木和某些热带散孔材；②导管含有愈疮木基木素，纤维中含有愈疮木基/紫丁香基木素，存在于散孔材中；③导管含有愈疮木基/紫丁香基木素，但比值不同，存在于环孔材和半环孔材中。

有一些树种中的导管是高度木素化的。导管细胞壁必须要承受来自于植物蒸腾作用的巨大压力，这就使得导管细胞壁的木素化程度会有所增加，从而提高导管的强度，来避免被压溃。使用紫外显微镜研究日本水青冈次生木质部的木素分布，研究发现在早材中导管木素化程度增加，而晚材并没有增加。用紫外显微镜及荧光显微镜研究黄杨正常木和受压木的木素分布，研究发现导管次生壁木素化程度比相邻的纤维细胞要高。采用汞化与EDXA法结合，结果表明导管细胞壁和射线细胞的木素含量是纤维细胞次生壁的1.5～1.6倍。

有相关学者采用透射电子显微镜（TEM）、扫描电子显微镜结合X射线能谱仪（SEM～EDXA）及共聚焦激光扫描显微镜（CLSM）研究了黄柳纤维细胞壁的分层结构，以及木素在细胞壁各层中的分布。TEM结果表明，黄柳纤维细胞壁分为胞间层、初生壁、次生壁外层、次生壁中层及次生壁内层。CLSM图像显示木素在纤维细胞各个壁层中分布不均一，细胞角隅区木素含量最高，其次是胞间层，次生壁最低。导管中的木素含量比纤维细胞中的木素含量要高。SEM-EDXA研究表明，细胞角隅区、胞间层、次生壁中层的木素含量比为2.15:1.32:1。透射电子显微镜（TEM）观察表明，沙柳及柠条的纤维细胞壁分为初生壁、胞间层和次生壁，其中次生壁是主要的壁层，又分为S_1、S_2和S_3层。采用共聚焦激光扫描显微镜（CLSM）与扫描电子显微镜结合能谱仪（SEM-EDXA）研究了木素在沙柳正常木中及柠条正常木和受拉木的纤维细胞壁各层中的分布。用吖啶黄溶液染色，在 CLSM 上可以根据荧光的强弱直接观察到木素在不同细胞及不同壁层的含量高低，木素的含量在纤维细胞中比导管及细胞胞间层低。木素在沙柳纤维细胞壁的细胞角隅胞间层中含量最高，其次是胞间层，而在次生壁 S_2 层中含量较低，各层的半定量比较值为 1.96：1.33：1。柠条受拉木纤维细胞壁中除 G 层（凝胶层）未木素化外，次生壁 S_2 层及细胞角隅胞间层和胞间层木素分布正常。

2. 细胞壁中碳水化合物的分布

植物细胞壁中，纤维素以分子链聚集成束和排列有序的微纤丝状态存在，是一种"骨架物质"。纤维素晶体与半纤维素之间以氢键相连，形成纤维和半纤维素的网络。对于纤维素和半纤维素在细胞壁中的分布，人们采用机械分离和部分解聚的方法结合偏光显微镜、电镜和色谱法，研究了银桦、云杉和苏格兰松中纤维素和构成半纤维素的多个聚糖组分在细胞壁复合胞间层和次生壁的 S_1、S_2 和 S_3 层中的分布情况。发现这三种木材中，在复合胞间层中纤维素含量较其他层都低，但复合胞间层中却含有高百分比的半纤维素和果胶类物质（半乳聚糖、阿拉伯聚糖、果胶酸）。上述两种针叶木和桦木相比，在复合胞间层中的阿拉伯聚糖的含量有显著差异，桦木仅为松木的一半（分别为 13.4% 和 29.4%）。但木聚糖含量则相反（分别为 25.2% 和 7.3%）。在桦木中纤维素含量最高的是 S_2 内部加 S_3 层（60%）。而 S_1 层和 S_2 层外部有很高的葡萄糖醛酸木聚糖含量。在云杉和松木中，管胞各细胞壁层化学组成相似，只有小的差异。松木晚材管胞中 S_2 层外部的纤维素含量最高，葡萄甘露聚糖的含量由细胞壁外部向内部逐渐增加，S_3 层中葡萄糖醛酸阿拉伯木聚糖的含量很高。晚材 S_2 层要比早材含有较多的葡萄甘露聚糖，而木聚糖类的分布则相反。在云杉和松木的 S_2 层几乎没有阿拉伯聚糖，半乳聚糖可以存在于半乳葡萄甘露聚糖之中。

在细胞壁中，半纤维素在各层的细胞分布都不同。有相关学者对正常木材的管胞细胞壁中聚糖的研究显示，聚糖中的半乳葡萄甘露聚糖在 M+P 层仅有 10%，其余均在 S 层，其中 S_2 层又占了绝大部分，达 77%。阿拉伯糖 4-O-甲基葡萄糖醛酸木聚糖在 M+P 层为 1%，呈现从内到外逐步增加的趋势，主要存在于 S_2 和 S_3 层。阿拉伯聚糖与半乳聚糖在 ~M+P 层分布较多，分别为 30% 与 20%。

第 3 章　燃料乙醇

第3章 燃料乙醇

随着化石能源日益枯竭和产生的严重环境污染问题，燃料乙醇被认为是最有发展前景的新型可再生能源之一，也是中国最有可能实现产业化生产的主要生物能源产品之一，是能够替代石油的"安全选择"。

3.1 燃料乙醇的概念

3.1.1 燃料乙醇概述

燃料乙醇，指的是未加变性剂的、可以作为燃料用的无水乙醇，在燃料乙醇中加入变性剂后，不适于饮用的燃料乙醇称为变性燃料乙醇。燃料乙醇并不是一般的酒精，它是通过生物材料生产的、可以加入汽油中的品质改良剂。燃料乙醇能够单独或与汽油按照一定比例混配制作成乙醇汽油作为汽车燃料使用。到今天为止，燃料乙醇已经发展到二代。第一代工业化生产的燃料乙醇，大部分是以粮食作物为原料生产的产品；第二代是以纤维素原料生产的燃料乙醇。

目前，人们一般认为，从"粮安天下"和"人本观"出发，尤其是从化石燃料的性价比出发，以粮食为原料的燃料乙醇，具有限制性和不可持续性。以廉价的、数量巨大的木质纤维为原料的第二代燃料乙醇，现在还在发展中，是决定未来燃料乙醇前途、大规模替代石油的关键产品。

一个国家在发展中都会面临一个非常重大的问题，即满足国民经济高速、持续发展对能源日益增长的需求，这是无法回避的问题。2004年我国的石油消费总量超过了3亿t，其中进口石油1.23亿t。2005年我国石油消费量达到了3.2亿t，其中进口原油1.4亿t。到了2016年，据统计，全年累计进口原油数量为38101万t，累计同比上涨13.56%。从发展趋势来看，我国原油进口依存度将逐年提高，预计将从2005的43.8%上升到2020年的60%。可以明显看出，能源供应安全问题已经成为制约中国经济社会发展的主要因素之一。除此之外，化石能源消耗的高速增长带来的环境污染压力日益增加。据相关统计资料显示，我国的 SO_2 和 CO_2 的排放量分别位于世界第一和第二位。由此可见，中国对提供一个安全、低成本的、对环境无污染的能源责任重大。因此，燃料乙醇以其清洁无污染的优势成为能够替代化石燃料的重要能源之一。

3.1.2 国内燃料乙醇的发展历程

中国燃料乙醇的研制和加工开始得比较晚，大概有 20 年的时间。但是，燃料乙醇深加工业在很多方面如资源开发、技术提升、生产规模、产品销售等都取得了非常明显的进步，也获得了良好的社会经济效益。

在 20 世纪 90 年代，中国先后制定了《中华人民共和国电力法》《中华人民共和国煤炭法》《中华人民共和国节约能源法》。2005 年，中国制定和颁布了首部《中华人民共和国可再生能源法》。这是保障一个新型产业经济健康稳定发展的法制基础。制定了《中华人民共和国可再生能源法》，一方面确立包括燃料乙醇在内的可再生能源的法律地位，另一方面又为其发展提供了法律依据。通过立法，可以确定发展燃料乙醇的基本政策、原则、措施和制度。《中华人民共和国可再生能源法》开宗明义提出要旨："促进可再生能源开发利用，增加能源供应，改善能源结构，保障能源安全，保护环境，实现经济社会的可持续发展"。

据相关统计，截至 2015 年，我国燃料乙醇的年产量约为 210 万 t。而我国启动燃料乙醇项目则始于 2000 年，在 2002 年，全国产量达到了 3 万 t。在发展燃料乙醇的初始阶段，中国主要将陈化玉米、小麦等粮食产品作为原料。2001 年 4 月，中国颁布了乙醇汽油的国家标准。按照中国燃料乙醇"十五"发展专项规划（2001—2005 年），对燃料乙醇实行了"四定"政策。

一是定点生产。中国从"十五"开始实行燃料乙醇试点工作，建设了 4 个燃料乙醇生产定点生产企业，分别是：安徽丰原生化股份有限公司，产量为 32 万 t/年；河南天冠燃料乙醇有限公司，产量为 30 万 t/年；吉林燃料乙醇有限责任公司，产量为 30 万 t/年；黑龙江华润酒精有限责任公司，产量为 10 万 t/年，总成产能力为 102 万 t。在 2007 年时，这 4 家企业燃料乙醇的总产量达到了 133 万 t。其中，黑龙江华润酒精为 16.2 万 t；吉林燃料乙醇为 41.9 万 t；河南天冠燃料乙醇为 40.2 万 t；安徽丰原生化 34.9 万 t。在"十五"期间，黑龙江、吉林、辽宁、河南、安徽 5 省及湖北、山东、河北、江苏 4 省的 27 个市实现了燃料乙醇汽油封闭运行。其实，中国燃料乙醇的生产能力要高出实际产量。

2004 年 4 月，国家发展和改革委员会、公安部、财政部、商务部等八部委下发《车用乙醇汽油扩大试点方案》和《车用乙醇汽油扩大试点工作实施细则》。燃料乙醇项目试点范围开始扩大，中国燃料乙醇形成了 35 万 t 的年生产能力。2005 年，全国燃料乙醇总产量达到 102 万 t；2006 年增长到 160 万 t；2007 年达到 189 万 t；2008 年再增到 164.9 万 t。到 2014 年，我国燃料乙醇年产量约达 216 万 t，生物柴油年产量约达到 121 万 t，仅次于美国和巴西，我国成为世界上第三大燃料乙醇生产国和应用国。

二是定区使用。从 21 世纪开始，我国就已经准备进行燃料乙醇汽油的推广。经国务院批准，全国共有 9 省、27 地（市）试点使用乙醇汽油。在 9 个省中，又分两种情况：一种是黑龙江、吉林、辽宁、河南、安徽等 5 省在全省封闭推广乙醇汽油。另一种是湖北、山东、河北、江苏等 4 省在 27 个地（市）试点使用乙醇汽油。其试用办法是：按照 1∶9 的比例把燃料乙醇与汽油调配成乙醇汽油，然后加以推广应用。现在已经能够实现每年混配 1020 万 t 燃料乙醇汽油。

三是定向流通。根据国家相关规定，安徽丰原公司生产的 32 万 t 燃料乙醇定向投放安徽、湖北和江苏三省。河南天冠公司生产的 32 万 t 燃料乙醇定向投放河南、山东两省。吉林燃料乙醇有限责任公司生产的 30 万 t 燃料乙醇投放吉林和辽宁省。黑龙江华润公司生产的 10 万 t 燃料乙醇定向投放本省。各个企业生产的燃料乙醇要定向流通。

四是定额补贴。为了加强燃料乙醇在生产上的应用，国家对于燃料乙醇定点生产企业提供一定的定额补贴，以及一些财政税收优惠政策。具体为：从 2005 年开始，逐年递减，到 2008 年完全取消补贴。在试点开始的 2005 年，对各个加工厂生产每 t 燃料乙醇补贴的标准分别是：吉林燃料有限责任公司为 2395 元/t；安徽丰原公司为 1883 元/t；河南天冠集团为 1721 元/t；黑龙江华润酒精公司为 1628 元/t。到 2007 年，国家对 4 个定点厂的定额补贴统一为 1373 元/t。目前的定额补贴标准降低为 1284 元/t。同时，还实行税收优惠政策，主要包括 3 项：一项是对销售燃料乙醇免征 5% 的消费税；另一项是销售蛋白饲料免征 13% 的增值税；第三项是对燃料乙醇增值税先征后返还。

至于燃料乙醇是否能够盈利，则要看汽油的销售价格。当汽油的销售价格在 6 元/L 时，燃料乙醇才会有所盈利。最近几年，在优化生产工艺与控制成本的基础上，能耗、物耗正在逐渐地降低，有些指标能够达到或接近国际先进水平，取得了一些经济效益和社会效益。但是总体来说，中国燃料乙醇的生产成本还是比较高的，有些企业还没有达到盈利的阶段，国家还需要向其提供一些补贴。

3.1.3 发展燃料乙醇的意义

我国从 20 世纪末开始对燃料乙醇产业进行谋划、操作，尽管有一些困难，但是随着经济的不断发展和对能源需求的日益增加，开发燃料乙醇对中国的战略意义日益显现。主要体现在以下几方面：有利于环境保护，有效降低机动车污染物排放，资料表明使用生物燃料乙醇的车辆对环境的污染程度仅为使用汽油汽车的 1/3；有利于改善能源结构，缓解石油短缺的压力，摆脱石油过度依赖进口的态势；有利于增加农民收入，促进农业和农村经济发展。

到目前为止，中国发展玉米燃料乙醇不仅没有产生很大的消极影响，反而带来了突出的积极作用。东北地区在破解多年粮食"增产不增收"难题的过程中，探索以工业化思维谋划农业，促进农业粮食产业现代化，发展粮食等农产品深加工业，对于提高其科技附加值、增加就业岗位、增加新的经济增长点等，取得明显综合效益。实践表明，采取稳步发展玉米燃料乙醇的举措，对于发展生物燃料乙醇提供了一个有力的新途径，作用显著，功不可没。

1. 解决了玉米市场陈化粮的难题

曾有一段时间，东北玉米主产区陷入了困境：玉米、大米和大豆等产品严重积压滞销，由于运输方面的制约，东北地区的粮食尤其是玉米"卖不了，储不下，运不走，补不起"，给农业粮食产业发展带来了沉重的压力。东北地区的粮食（主要是玉米）这个"老大难"问题困扰国有粮食企业和种粮农民很多年，现在通过发展玉米深加工而得到了解决。这种状况的根本改变是从发展生物燃料乙醇开始的，有力解决了长期困扰的玉米积压难题。如今在吉林省，粮食等农产品深加工业已经成为继汽车、石化之后的第三大支柱产业。

2. 增强了对市场的拉动力量

通过大量的研究实践表明，随着玉米资源的深度开发和利用，增强了对市场的拉动力，产生了新的促进玉米增产的合力：一是有效提升了玉米市场价格，显著增加了资源附加值，有效增加了农民的收入，激发了广大农民的生产积极性。二是由于玉米最终消费量增加，扩大了市场需求，进而产生了拉动玉米扩大生产的动力，包括扩大面积和增加投入等。两种新动力形成有效提升"玉米黄金产业经济"的强大力量，形成挖掘粮食主产区生产潜力的强大力量。

在促进包括粮食深加工的过程中，相关主产区还形成了一批产业集群。产业集群就是一种地区特色经济，是指相同或相近加工产业链的集聚和连接，形成集群效应，从而导致生产成本和交易成本大幅度下降。这种集群效应或集群经济，就是"集聚经济＋专业化经济＋产业关联经济"的有机整体。客观地说，目前达到成熟阶段的完善的产业集群的数量还不是很多。有的地方在产业集聚的基础上形成了类似产业集群的现象，如"块状经济""专业镇"等。这种具有产业集群经济某些特征的产业集聚现象，也被称为"准集群"经济，带动了相关产业大发展。像运输业、服务业、包装业等，促进了农民转向非农岗位，为农村城市化、工业化开辟了一条广阔新途径，有力促进了新农村建设。

此外，东北地区人均耕地面积在全国名列前茅，土质肥沃，生态环境相对较好，中低产田仍占大部分，粮食增产的潜力巨大。可以相信，以建设现代农业为根本，以科技自主集成创新为支撑，以发展现代粮食流通产业为关键，以积极推进农业现代化为目标，那么就一定会有力和有效振兴"玉米黄金产业经济"，对市场起到拉动作用。

3. 提供了粮食宏观调控新手段

毫无疑问，玉米深加工业的发展，为粮食宏观调控提供了一个有效的新手段。多年以来，国家通常是采取建立储备、扩大出口或进口等方法进行宏观调控。当然，这些措施是必要的。然而，粮食储备只能够对消费期进行延缓，并不是最终消费。因此，在前几年粮食积压滞销时粮食储备越来越多，粮食已经超量储备，成了"包袱"。解除粮食积压的办法在于，国家应建立适度的粮食储备，并非"多多益善"。与增加储备相反，玉米深加工业是最终消费，能够有效减轻市场压力。国家运用这个新的宏观调控手段，按照市场需求组织生产，采用市场机制进行经营，既具有相对稳定性，又具有相对的机动性。可以根据玉米总产量的增产数量统筹安排，适量利用玉米生产燃料乙醇，或者说把生产燃料乙醇的玉米数量控制在一定的数量，这样既有利于保障粮食安全，又有利于玉米燃料乙醇产业的发展。据相关统计数据显示，目前中国每年把总产量的 10% 多一些的玉米作为原料，生产玉米燃料乙醇是可行性的。

4. 对改善能源结构将发挥重要作用

目前，世界上已经有 45 个国家已经把发展生物质燃料列入本国替代能源发展计划。可以这样说，无论是在中国还是世界，生物燃料在改善能源结构方面都是一个长期的发展过程。生物燃料替代化石能源的份额还是有一定限度的。但是，如果生物燃料生产技术能够更加成熟和提高，成本再有所降低，生物燃料将会在全球范围内大范围扩张，还会转变世界能源结构，其作用是非常明显的。根据相关能源机构调查显示，全世界用于发展生物燃料的科研费用和投资成本非常巨大。有相关专家学者预测，如果生物质原料能够实现完全转化，目前全世界植物生物质能源（主要是森林）每年生长量相当于 600 亿~800 亿 t 石油，是全球石油开采量的 20~27 倍。预计 50 年后，"能源植物"将会改变全球的能源结构。

3.2　燃料乙醇的生产工艺

3.2.1　燃料乙醇的生产工艺方法

1. 发酵法

发酵法是指利用微生物——酵母菌在无氧条件下将糖转化为乙醇的生产方法。发酵法又可以分成三种：固态发酵法、半固态发酵法和液态发酵法。目前，我国生产白酒时一般是利用固态发酵法和半固态发酵法，通常产量都比较小，生产工艺比较落后，劳动强度比较大。而相比于固态发酵法，液态发酵法具有生产成本低、生产周期短、连续化、设备自动化程度高、能大大减轻工人劳动强度等优点，因此在现代化生产中，通常是采用液态发酵法来生产乙醇。

发酵法根据原料的不同还可以分为以下几种：

其一是淀粉质原料发酵生产乙醇方法。目前我国生产乙醇主要采用这种方法，它是利用薯类、谷物及野生植物等含有淀粉的原料，在微生物的作用下将淀粉水解为葡萄糖，再进一步发酵生成乙醇。整个生产过程包括原料蒸煮、糖化剂制备、糖化、酒母制备、发酵及蒸馏等工序。

其二是糖蜜原料发酵生产乙醇方法。这种方法是直接利用糖蜜中的糖分，经过稀释并添加营养盐，通过酒母的作用发酵生成乙醇。

其三是亚硫酸盐纸浆废液发酵生产乙醇方法。造纸原料经亚硫酸盐液蒸煮后，废液中含有六碳糖，这部分糖在酵母的作用下能够发酵生成乙醇，主要是工业乙醇。

2. 化学合成法

随着有机工业的不断发展，能够利用石油裂解所得到的乙烯来合成乙醇。化学合成法生产乙醇则是将炼焦炭、裂解石油的废气作为原料，经化学合成反应而制成乙醇。化学合成法可以分为两种：间接水合法和直接水合法，目前工业上普遍采用直接水合法。

（1）间接水合法。间接水合法也称为硫酸水合法，这个方法的优点在于对原料气体的纯度要求不高。同时，该方法也存在缺点，对设备腐蚀严重，酸消耗大。其生产过程是：乙烯与硫酸经加成作用生成硫酸氢乙酯，反应方程式为

$$CH_2 = CH_2 + H_2SO_4(98\%) \xrightarrow{70℃} CH_3CH_2OSO_3H$$

$$（乙烯）\qquad\qquad\qquad\qquad （硫酸氢乙酯）$$

硫酸氢乙酯进行水解，生成乙醇和硫酸，反应方程式为

$$CH_3CH_2OSO_3H + H_2O \xrightarrow{90 \sim 95℃} CH_3CH_2OH + H_2SO_4$$

（2）直接水合法。直接水合法是指在有磷酸催化剂存在的条件下，乙烯与水蒸气经高温、高压作用，能够直接发生加成反应生成乙醇的方法。该方法要求原料的乙烯浓度在 98% 以上，采用特殊的方法分离裂解其中各种组分，这种方法对于设备、材料的要求都是比较高的，但是步骤简单，没有间接水合法的腐蚀问题。

从反应条件能够看出，化学合成法成产乙醇对于生产设备的要求较高，需要具有比较高的耐酸、耐压性能，生产条件和成本都比较高，因此我国一般很少采用化学合成法来生产乙醇，基本是以淀粉质或糖质为原料来生产乙醇。

总而言之，无论是哪种发酵法，都是利用淀粉作为原料，通过微生物发酵将其转化成糖，或者直接将糖蜜作为原料，再将糖转化成乙醇，在转化过程中会发生一系列非常复杂的生化反应。原料中的可溶性淀粉在糖化酶的作用下被转化成可发酵的糖，然后在酒化酶作用下，糖会被水解成乙醇，同时放出二氧化碳。由淀粉水解方程式，能够推算出 100kg 的淀粉，能够产出 95%（容量）的乙醇 61.49kg，可以产 100% 的乙醇 56.78kg。

3.2.2　燃料乙醇的生产工艺流程

1. 糖蜜原料生产乙醇的工艺流程

（1）糖蜜的稀释。首先将原糖蜜经储罐输送至计量桶进行计量后，放

入糖蜜冲稀桶内，加入一定的水（加水量可以参考后面的工艺来计算确定），将 80~90Bx 的原糖蜜稀释到 50~60Bx 的糖液，按糖蜜量的 0.2%~0.4%加入浓硫酸（比重为 1：84，浓度为 98%），然后再加入 0.2%~0.3%的硫酸铵。还可加入定量的消泡剂（土耳其红油和磷醛等），搅拌均匀，然后泵至酸化罐进行酸化，酸化时间一般为 4~5h。

糖蜜的稀释过程为：首先在冲稀桶内加入约 2/3 的水，然后依次加入硫酸、1/3 的糖蜜、硫酸铵，最后加 2/3 的糖蜜和补足水，调整适宜的糖度至工艺要求的 Bx 度。这样，有利于减少糖分因硫酸作用而产生的焦糖。一般情况下，糖液酸化时的糖度在 50~60Bx 效果较好，既可以保证酸化效果，又可以有效减少糖分的损失，糖度过高，糖容易受热焦化；糖度过低，容易达不到好的酸化效果，使设备利用率降低。

（2）酸化糖液的发酵。糖蜜经过稀释、酸化处理后，经过连续稀释器再次进行稀释后，才可以被酵母发酵利用，稀释后的糖液糖度，通常为 16~22Bx 和 28~30Bx，当采用单流加料时一般为 16~22Bx，糖液进入 1 号发酵罐。当采用双流加时，1 号发酵罐进料糖度为 12~28Bx，2 号罐进料糖度为 28~30Bx。糖蜜生产乙醇的过程，目前基本上已完全实现发酵连续化，发酵温度一般在 30~35℃，发酵罐中的酸度通常为 6~10，发酵成熟时间为 36~45h，发酵效率一般在 85%左右。

（3）成熟醪的蒸馏。与其他原料发酵后的成熟醪蒸馏相比较，糖蜜成熟醪蒸馏具有以下几点不同之处。

一是糖蜜成熟醪在蒸馏中产生的泡沫比较多，容易使粗塔产生"过塔"和使精塔产生雾沫夹带量增大等现象。

二是由于糖蜜原料含有钙盐、镁盐等沉淀杂质，而且发酵成熟醪酸度较高，所以容易使塔板结垢，对塔的腐蚀比较大。

三是原料中的胶体物质和溶解氧，对于酵母细胞中酒化酶的正常转化会产生一定的阻碍作用，导致发酵醪中醛的含量增加，最后就会影响到成品乙醇，使成品乙醇的氧化时间减少，醛和某些还原性杂质的含量增加。

（4）酒母的制备。首先将原蜜糖加水稀释，冲稀成 12~14Bx 的稀糖液，在冲稀的过程中加进硫酸、硫酸铵、消泡剂等，添加顺序与糖蜜稀释过程相同。基本稀糖液酸度应为 6~7，然后泵至酒母罐内升温至 80~100℃，灭菌 20~30min，待冷却至（28±1）℃后，接入酵母菌种，保持在 30~32℃内通风培养 20~28h，等到镜检合格后，才可以放入发酵罐进行发酵。

2. 淀粉质原料生产乙醇的工艺流程

（1）淀粉质原料生产乙醇的特点。淀粉质原料系采用薯类、粮谷类及野生植物等，在发酵之前必须先进行破碎处理。目前，在国内还有一些产量比较小的乙醇厂采用间歇蒸煮，原料不进行粉碎处理，就直接将块状或粒状原料投入生产，但大部分中等规模以上的乙醇厂，原料多经过二次粉碎，有利于蒸煮过程中原料的受热，经过二次粉碎的原料在同样的高压连续蒸煮情况下，能够使蒸煮的效果得到更加有效地提高。

（2）原料蒸煮。原料的品种与规格不同，蒸煮温度也会有所差异，一般情况下为 130~150℃，但是经过粉碎的原料，其蒸煮所需的温度可以稍微低一些，为 120~130℃。高温高压过程能够引起原料细胞组织的破裂，使存在于细胞中的淀粉转化为可发酵性糖。高温处理除了使淀粉糊化，便于淀粉酶起糖化作用外，还可以起到对原料灭菌的作用。淀粉悬浮液在糊化和溶解过程中，黏度是不断变化的，当淀粉颗粒溶解时，黏度逐渐增加，达到最大限度后，随着温度的继续上升，醪液黏度会有所下降。

由于蒸煮过程是在高温高压下进行的，因此原料受到其作用容易产生焦糖。淀粉质原料——甘薯内所包含的碳水化合物主要是淀粉，另外也有少量的糊精和糖类；另一种原料马铃薯中所含有的糖则主要是葡萄糖，还有少量的蔗糖；在作为原料的谷粒中则是以葡萄糖为主。在蒸煮时，不同的糖分其化学变化也不同。例如，糖分会转化，醛糖会变成酮糖（异构化），各种糖分都会焦化，形成焦糖，己糖分解变为羟甲基糠醛，又很容易和新的氨基酸分子起作用而生成黑色素。焦糖是不能被发酵的，还会阻碍酵母的发酵作用，影响发酵而降低乙醇产量。因此，蒸煮时要注意控制适宜的温度和压力。由于焦糖的形成一般在高浓度溶液中比低浓度溶液中容易进行，所以淀粉质原料蒸煮时，如原料内含有较多的糖分，便容易形成黑色物质和焦糖。醪液浓度越高，就越容易形成焦糖。所以，我国各乙醇厂对甘薯干的原料加水比，通常是 1∶3~1∶3.4，有时还要稍稀些，这样有利于提高淀粉率。

（3）淀粉质原料糖化作用。经过蒸煮糊化后的醪液，通过曲霉菌的淀粉酶进行糖化作用。曲霉菌生成的淀粉酶，可以把原料内含有的淀粉转化成可发酵性糖，供酵母菌利用。曲霉菌属于好气性的微生物，所以在繁殖和生长过程中要提供充分的空气，同时，淀粉酶的形成也取决于所供给的空气量。根据曲霉菌的生产方法的不同，可以分成麸曲糖化法、液曲糖化法、根酶糖化法（阿米罗法）、根酶酒母混合法、麦芽糖化法等。

（4）乙醇发酵。乙醇发酵在发酵过程中进行无氧呼吸，属于厌氧性发酵，在发酵过程中会发生一系列复杂的生物化学变化，其中，不仅有糖化醪中淀粉和糊精继续被淀粉酶水解成糖，还有蛋白质在曲霉蛋白酶水解下生成肽和氨基酸。这些物质部分被酵母吸收合成菌体细胞，另一部分则被发酵，生成乙醇和 CO_2。

（5）蒸馏提纯。通过化学酵母菌将糖转变为乙醇后，在成熟发酵醪内，除了包含乙醇以及大量水分之外，还包含有固形物和很多杂质。蒸馏则是将发酵醪液中包含的乙醇提纯出来，通过粗馏和精馏，最后取得合乎规格的乙醇，同时得到副产物杂醇油，还有大量的酒糟（也称废醪）排出。还有的工厂会想办法将酒糟内的余热设法取出并利用。

3.3　一代燃料乙醇

一代燃料乙醇是指以糖和淀粉作物为原料的生物燃料乙醇。例如，小麦、玉米等粮食作物都可以作为原料进行生产燃料乙醇，其中，主要粮食燃料乙醇生产消耗粮食的 95% 以上是玉米，然而，以过多的粮食为原料生产燃料乙醇是不可持续的，接下来以小麦和玉米为例，对其作为原料生产燃料乙醇的可行性进行分析。

3.3.1　以小麦作为原料生产燃料乙醇的可行性

对于以小麦作为原料生产燃料乙醇的可行性从多种因素分析，发现是不可行的。这一点已经形成普遍共识，应该明确作为政府决策的依据。目前，中国小麦的种植面积和总产量在全国粮食作物中位居第三，在粮食产业中具有非常重要的地位。从 2004 年以来，中国夏粮取得"十四连丰"的成就，其中小麦总产量如下：2004 年为 9195 万 t；2005 年为 9745 万 t；2006 年为 10847 万 t；2007 年为 10930 万 t；2008 年为 11246 万 t；2009 年为 11511.5 万 t；2010 年为 11518.1 万 t；2011 年为 11740.1 万 t；2012 年为 12102.3 万 t；2013 年为 12196.6 万 t；2014 年为 13918.5 万 t；2015 年为 13018.5 万 t；2016 年为 12884.5 万 t。根据国家统计局公布的数据显示，2017 年全国粮食总产量 61790 万 t，比 2016 年增加 165 万 t，增长 0.3%，属历史上第二高产年。其中，2017 年全国小麦总产量为 12977.4 万 t，较 2016 年增加 135 万 t，增幅为 1.04%；其中，冬小麦产量为 12345 万 t，较上月预测值上调 30 万 t，较 2016 年增加 126 万 t，增幅为 1%；春小麦产量为 675 万 t，较上月预测值上调 5 万 t，较 2016 年增加 9 万 t，增幅为 1.4%。可以看出，我国小麦总产量是在稳步增长的。但是实际上，国产小麦，尤其是优质专用小麦是处于供求平衡的状态的。具体体现为以下几方面。

第一，全国超过一半的居民的口粮都是小麦，因此小麦与粮食的绝对安全问题直接相关。据有关信息机构预测，2017—2018 年度国内小麦消费总量为 10370 万 t，较上年度减少 401 万 t，减幅 3.7%。其中，食用消费为 8750 万 t，较上年度减少 100 万 t，减幅 1.1%。

第二，小麦是主食方便食品、冷冻食品、面粉等食品工业的重要原料。2007 年，全国小麦制粉消费量高达 8500 万 t，占国内消费量的 84.5%；小麦用于其他工业的消费量占 250 万 t，用于配合饲料的占 680 万 t。

第三，小麦价格比较高。尽管小麦的市场价格会有起伏，但是总趋势是稳中上升。如果将小麦作为生产燃料乙醇的原料，那么需要花费大量的成本。

第四，小麦市场供求总体上一直呈"紧平衡"状态，国际市场小麦贸易量也有一定限制。

总而言之，小麦首先必须满足于保障民众的口粮和粮食安全。其次，以小麦作为生产燃料乙醇的原料，成本较高。通过这两点原因可以得出：小麦并不具有生产燃料乙醇的可行性。

3.3.2　以玉米作为原料生产燃料乙醇的可行性

对以玉米作为原料生产燃料乙醇的可行性进行分析，发现玉米在适量限度内是具有可行性的。换句话说，也就是在一定限度内具有可行性，即有控制地、利用适量的玉米作为生产燃料乙醇的原料资源是可以的。

自从 2012 年以来，我国的玉米种植面积和总产量，在全国粮食作物中都是第一。目前全国玉米的供求量处于供过于求、甚至过剩的态势。这里所说的玉米供给量指的是当年国内玉米总产量、进口量和上年结转库存量的总和。玉米需求量则是指包括工业、食用、饲料和种子等需求量的总和。进入 21 世纪以来，中国玉米需求结构发生了巨大的转变，饲料工业和深加工业的玉米消耗量明显增加；食用玉米量趋减；种子玉米消耗量稳中趋降。玉米深加工业的迅猛兴起，使其供求平衡态势出现新的变化。近年来，出现一些影响玉米消费的新因素。主要包括五个方面：一是玉米出口调控政策；二是能源生产调控政策；三是国外玉米出口政策的转变；四是玉米深加工业的发展；五是现代畜牧业的发展。

玉米加工业带来的影响可以说是非常巨大的。受玉米深加工下游产品需求拉动以及加工效益丰厚的影响，以玉米作为原料的酒精、淀粉、燃料乙醇等大型玉米深加工项目发展迅速。这几年来多数新增玉米深加工产能集中在东北玉米主产区，玉米深加工实际转化数量也明显增大。根据国家粮油信息中心统计，2005 年全国玉米深加工能力已经达到 500 亿 kg 左右，实际加工消耗玉米 288.5 亿 kg；2006 年玉米加工能力增加到 700 亿 kg，消耗玉米 350 亿 kg 左右；2007 年加工能力将增加到 850 亿 kg，消耗玉米 375 亿 kg。现阶段，中国玉米工业加工产品主要有淀粉和酒精两大系列。2005 年中国生产淀粉 900 万 t，消耗玉米 1300 万 t；酒精含燃料乙醇 290 万 t，消耗玉米 890 万 t。近年来迅猛发展扩大了玉米需求量。2006—2007 年度，中国玉米饲料消费量达 1.03 亿 t，玉米工业消费量达 3000 万~3100 万 t，两项合计为 1.33 亿 t 以上。

除此之外，现代畜牧业和饲养业的影响也是不容忽视的。近年来玉米消费结构转变的情况表明，饲料玉米消费的增长占据首位。2005 年，全国饲用消费玉米 8265 万 t；2006 年，增长到 8500 万 t 的水平；目前，全国饲用消费玉米量大体在 9000 多万 t。同用玉米占玉米总产量的比例达到 60%上下。在玉米出口方面，由于国内市场需求增强因而相应导致玉米出口减少。据海关总署统计，2005—2006 年度，中国出口玉米总计为 374 万 t，比上年度减少 51%；2006 年前 10 个月共出口玉米 235 万 t，同比下降 68.7%。上述表明，目前全国玉米饲用消费在其各项消费中居第一位，而且这种趋势还将继续保持下去。

同小麦生产一样，从 2004 年以来，玉米取得连续 16 年的好收成。2004 年，玉米总产量达到 13028.7 万 t。值得一提的是我国从 2015 年开始实行玉米收储制度的改革，实行"市场价+补贴"的新机制，使玉米供求关系发生了重大转变。2015 年增长到 22463.2 万 t。2015 年随着实施玉米收储制度改革，播种面积和总产量有所下降。但是，当年玉米总产量仍然达到 22463.2 万 t，2016 年有所下降，为 21955 万 t，是历史上第二个高产年。据国家统计局数据，2017 年玉米播种面积和总产量都下降，总产量为 2.16 亿 t，比上年下降 366 万 t，为第二个下降年。但是，因为市场机制对玉米资源配置的作用加强，理顺了玉米上下游价格关系，玉米加工业的消耗量大增。据统计，仅东北拟建玉米深加工企业达 16 家，增加产能 2380 万 t，在建企业 11 家，产能达 1480 万 t。此外，多家大型养殖企业拟扩大生猪出栏量 4400 多万头。与此同时，从国外进口的玉米替代量减少。由此导致全国玉米的食用消费、加工业消费、饲料消费都不同程度增加。这三种因素导致全国玉米总消费量显著增加。据业内专家测算，全国 2017 年度玉米总消费量达到 2.21 亿 t，比上年度增加 0.1 亿 t。据国家信息中心 2017 年 11 月预测，2017—2018 年度玉米市场当年供给平衡后期末库存结余量 7 年来首次出现负数，为 -750 万 t。当然，目前玉米库存量还是处于过高的状态，因此需要继续"去库存"。

综上所述，玉米供需保持平衡并有一定剩余。基于目前的态势，以适当数量的玉米作为原料生产燃料乙醇是具有可行性的，并且会带来多方面的积极作用。

3.4　二代燃料乙醇

二代燃料乙醇的主要原料是木质纤维素，包括农作物秸秆、林业废弃物和能源灌木植物等。这类生物质为人类提供生物质材料和燃料的可再生资源，广泛存在于自然界中，产量非常丰富，并且价格低廉。是有可能替代化石能源的资源。

3.4.1　二代燃料乙醇原料资源

一般情况下，纤维素资源可以分成两类：一类是灌木能源林类纤维素质生物原料；另一类是农作物秸秆如稻谷、小麦和玉米等，以及壳糠类纤维素质生物原料。

1. 灌木能源林类纤维素质生物原料

关于第一类灌木能源林类纤维素质生物原料，有大量相关的文献资料和研究报告显示，中国是一个灌木能源林资源非常丰富的国家。从我国灌木林地面积来看，全国总面积高达 4529.68 万 hm^2，占全国林地总面积的 16.02% 以上。近年来，中国每年营造灌木林面积在 60 万 hm^2 以上，总面积超过 3.33 万 hm^2 的县就有 163 个。从树种来看，全国大约有 6000 多个灌木林树种。其中，能够作为生物质能源原料利用的超过 1000 种。从目前可产生的总生物量看，大体超过 2.02 亿 t/年。从发展空间来看，中国拥有 4600 万 hm^2 的宜林地和 1100 万 hm^2 荒沙与荒地。这些条件差劣的土地不仅不能用于种植业，而且也不适宜种植乔木树种，但却适宜种植能源灌木林。如果将这些土地资源利用起来，其中一半用来种植灌木林，不但能够使全国森林覆盖率提高 0.5 个百分点，而且还能够使全国每年新增木质纤维素原料超过 5 亿 t。

需要提及的是，如前述作为生物质原料资源的林业剩余物的数量也是非常巨大的，包括采伐后留下的枝桠、梢头、被砸伤树木及遗弃材料等，估算总量有 7.6 亿多 t。特别是很多灌木树种生物产量大，产生的热值高。

例如，7 年生沙棘林，每 hm^2 干柴产量在 13~21.67t，可产生热值 5693.9 ~41622.1kJ，相当于原煤 2.13~15.54t。此外，中国木本油料地面积总计达 343 万 km^2，其中成片分布的面积约有 135 万 km^2，其果实总产量达 114 万 t，是生物柴油的优质生物质原料。客观数据是最有力的论据。灌木林业将会成为生物燃料乙醇的一个非常重要的原料资源。中国主要木质能源灌木树种的热值和产量见表 3-3-1。

表 3-4-1　中国主要木质能源灌木树种的热值和产量

树种	热值 * （kcal/kg）	产量 （t/hm²）	树种	热值 * （kcal/kg）	产量 （t/hm²）
小叶栎	4742	2.0	沙枣	4400	18.35
山杏	4708	2.67	蒿柳	4500	8.0
胡枝子	4700	3.5	刺槐	4544	8.36
花棒	4500	4.5	旱柳	4376	11.25
干蒙怪柳	4277	4.95	石栎	4241.26	11.5
紫穗槐	4060	5.25	荆条	4575	13.0
细枝柳	4327	5.3	黑荆树	4616	90.0
沙棘	4534	6.05			

* 1kcal/kg 约等于 4.1868kJ/kg。

2. 农作物秸秆以及壳糠类纤维素质生物原料

关于第二类农作物秸秆如稻谷、小麦和玉米等，以及壳糠类纤维素质生物原料的纤维素资源，也是非常重要的纤维素原料。据相关统计，中国的农作物秸秆和壳糠的年总产量约达 9 亿多 t，其中，玉米秸秆 33182 万 t（占 42.4%）、小麦秸秆 15362 万 t（占 19.7%）、稻草秸 11955.3 万 t（占 15.3%），占全国总秸秆量的 77.4% 以上。中国农作物秸秆的集中产区与农业粮食主产区基本是一致的，前 10 位的省区依次是：山东、河南、吉林、河北、江苏、黑龙江、内蒙古、安徽、辽宁和新疆。这 10 个省（区）的秸秆总产量约占全国总量的 70%。另外，中国南方蔗区甘蔗总产量高达 12415.2 多万 t，蔗渣纤维的产量将达到 1241.5 万 t。这一类加工蔗糖副产品可再生纤维素资源，数量巨大，原料集中，储运方便，可折合标准煤 547.5 万 t，具有广阔的开发前景。但是甘蔗渣并没有被充分利用，而是将资源作为垃圾到处丢弃抛撒。

结合上述分析可以得出，纤维素生物质原料的分布比较广泛，价格也比较低廉，对于这种资源进行开发利用将会产生非常巨大的意义。

其一是能够开发丰厚的原料资源。生产燃料乙醇开拓用之不竭的、廉价的再生纤维素生物质原料，同时把大量秸秆和稻壳、糠麸等进行资源化利用，能够避免环境污染。

其二是有利于绿化大地，改善生态环境。在中国北部、西部等生态脆弱的边疆地区开拓灌木林产业，有利于绿化祖国、减少土地沙化，改善这些地区的生态环境。

其三是能够充分开发利用边际性土地。灌木树种根系发达，许多树种具有很强的抵御干旱、抗瘠薄、抗风沙、抗盐碱及抗高温等逆境的能力，真正实现"不与人争粮、不与粮争地"的方针。

其四是能够扩大就业机会，有利于富余劳动力转向新的就业岗位。据估算，为收集、运输和供应加工厂的生物质原料，必然促进运输业、服务业、储藏业、农产品加工业等行业的发展，全国至少需要增加 1040 多万个劳力，为开发边际性土地，也至少需要增加劳动力数百万之多。不少地区发展灌木林业的经验证明，在干旱、半干旱地区大规模发展灌木林，从而获得较高的经济效益、社会效益和生态效益，促使林业、农业和环境保护相互促进。

其五是能够促进偏远地区特色经济的发展，增加新经济增长点，有利于解决"三农"问题和稳定增加农民收入。

3.4.2　二代燃料乙醇生产新技术

21 世纪以来，很多国家都开始重视二代燃料乙醇技术的研发，包括各种农作物秸秆、灌木能源林，甚至廉价的野草、木屑都成为研究开发的对象。目前，国内外能源研究机构和能源企业都扩大了纤维素燃料乙醇技术中间试验的规模。这里主要对国内对纤维素燃料乙醇的研发情况进行简单的介绍。

中国自"八五"以来，开展了一系列二代燃料乙醇也就是纤维素燃料乙醇技术的攻关和研发，并取得了一定的成绩。针对利用木质纤维素需要克服的主要障碍，清华大学与英国、美国的农业利用研究中心等单位合作，高起点开展纤维素乙醇的科研攻关。他们在国内第一次系统地从木质纤维素预处理、纤维素酶制造、纤维素水解、共代谢戊糖、己糖工程菌构建，到乙醇发酵和分离纯化新工艺，对纤维素乙醇技术进行处理。据报道，清华大学等单位开发了同步多菌产酶水解法分离发酵工艺，使纤维素乙醇成本显著降低，居国际领先水平。此外，华东理工大学成功建立了纤维素原料酸水解制取乙醇工艺路线。中国科学院工程研究所开展了以秸秆组分分离、纤维素酶固态发酵、秸秆纤维素高浓度发酵分离乙醇耦合过程等关键技术研究。吉林轻工设计研究院与丹麦瑞士国家实验室合作研究，对玉米秸秆进行"湿氧化"预处理生产燃料乙醇技术，在利用六碳糖的条件下，7.88t 玉米秸秆生产 1t 燃料乙醇。山东大学在纤维素酶高产菌筛选与诱变育种、用基因工程手段提高产酶量和改进酶系组成、纤维素酶生产技术等方面进行研究。除专业研究机构外，国内企业也积极进行纤维素乙醇中间试验项目。到目前为止，国内已经建成和正在建设多套纤维质原料乙醇中试生产线。另外，中粮集团在黑龙江肇东建成了以玉米秸秆为原料、处理量为 500t/年的纤维素乙醇中试装置。吉林燃料乙醇有限公司利用江苏盐城的盐碱地种植甜高粱，建成了规模达千 t 级的甜高粱秸秆生产纤维素燃料乙醇实验装置，通过实验研究积累了大量基础性数据。中国纤维素燃料乙醇技术有望实现商业化和产业化生产。

3.5 燃料乙醇的发展前景及难点

3.5.1 燃料乙醇的发展前景

中国地域辽阔，自然条件复杂，生物质原料植物种类也是多种多样，比较繁杂，分布非常广泛。可以这样说，中国地域处处有宝待开发。总体上看，中国丰富的生物质原料植物资源还在沉睡中。如果采取有效措施，唤醒和开发这些宝贵资源，把燃料乙醇生产推向商业化，将会对中国能源产业作出非常大的贡献。

1. 生物质原料植物具备良好的特性

通常来讲，生物质原料植物具备良好的特性，如适应性强，具有适应条件较差的边际土地的特性；具有较强的抗逆性；生物量产出比较高；原料具有较好的加工品性；生物质原料植物是再生作物，具有较高的可获得性和可持续供应性；生物质原料成本低，经济上具有可行性；基本上"不与人争粮，不与粮争地"，与保障粮食安全具有协调性，等等。这些良好的特性使得由这些生物质原料植物生产燃料乙醇的前景非常广阔。目前，国内外已经形成共识：利用条件恶劣的边际性土地种植适应性好、抗逆性强、具有较高生物量的非粮食基生产生物燃料乙醇原料，是符合中国国情的发展生物质能源的道路。

《可再生能源发展"十一五"规划》明确指出：受粮食产量和耕地资源制约，今后主要鼓励发展非粮燃料乙醇，换句话说，就是通过开发和发展生物质原料植物发展生物燃料乙醇。《可再生能源发展"十一五"规划》还明确鼓励以甜高粱茎秆、薯类作物等生物质原料的燃料乙醇生产。按照 2007 年 8 月 31 日国家发展和改革委员会发布的《可再生能源中长期发展规划》，到 2010 年，中国将增加非粮原料燃料乙醇年利用量 200 万 t，生物燃料乙醇年利用量将达到 300 万 t，到 2020 年，生物燃料乙醇年利用量达到 1000 万 t。2007 年 12 月，中国第一个以木薯为原料的年产 20 万 t 非粮生物燃料乙醇项目在广西北海正式投产，标志着中国整个生物燃料生产由"以粮为主"向"非粮为主"的转变，正式从政策层面走向实际生产，并将成为中国生物燃料产业的战略走向。

2006 年，中粮集团公司与国内有关科研单位合作，在内蒙古建立了甜高粱生产乙醇的中试装置，并取得了阶段性的成果。例如，吉林燃料乙醇在东台建立了千亩甜高粱燃料乙醇试验基地，对以甜高粱为原料生产燃料乙醇进行了产业化探索。中国第一个非粮燃料乙醇企业是 2007 年 12 月中粮集团在广西建成的 20 万 t 木薯燃料乙醇加工厂。到了 2008 年 5 月，国家发展和改革委员会前期委托中国国际工程咨询公司对重点省份进行的燃料乙醇专项规划评估就已经完成了。他们提交的对湖北、河北、江苏、江西、重庆 5 省（市）的专题评估报告，认为利用薯类等作物作为原料生产燃料乙醇具有一定经济性，建议在上述 5 省（市）优先推进燃料乙醇产业发展。随着国家相关政策的落实，中国非粮生物燃料乙醇的产业化的发展速度也得到了快速的提升。

有相关学者预测，未来在中国的东北、华北、西北和黄河流域部分地区，18 个省（市、区）的 2678 万 hm² 荒地和 960 万 hm² 盐碱地上，将建成一批甜高粱等能源植物生产基地，加上中国每年产生的大量农作物秸秆，这些地区将成为中国生物燃料乙醇工业丰富的原料基地。

2. 开发价值极大

有相关客观自然规律的研究结果表示，不同的生态区域生长着不同的非粮燃料乙醇优势原料植物。例如，南方有甘蔗等植物，北方有甜高粱等植物，西部有灌木林，以及分布全国的木本油料等。这些全部都是具有非常大的开发价值的非粮生物质原料资源。就目前的燃料乙醇的生产技术来说，国内已经具备商业化发展的条件的是，以甜高粱茎秆等生物质原料生产燃料乙醇的技术。

在对生物质原料植物进行开发和发展时，必须注意的一点是，要将相关的植物与边际土地相匹配，换句话说，就是按照生态区和经济区的不同，对能源植物品种进行优化。例如，在西南华南种植木本油料和甘蔗组合；在西北发展旱生灌木与甜高粱组合；在东北推广林地与甜高粱组合；以及开展以农作物秸秆等纤维素生物质为原料的生物燃料乙醇生产试验，等等。《国家中长期科学和技术发展规划纲要》指出，到 2020 年，可再生能源在中国能源消费中的比重将达到 16%，其中生物燃料乙醇的年生产能力将达到 1000 万 t。可以预见的是，根据资源条件和经济社会发展的需要，在保护环境和生态系统的前提下，科学地进行规划，因地制宜，合理地进行布局，有序地开发，综合利用生物质原料植物，将获得良好的经济效益和社会效益。

3. 非粮生物质原料植物资源分布广泛

据相关的科研机构的地理文献资料显示，在中国，可生产生物质原料植物的边际性土地面积有 13653 万 hm^2；能源植物，也就是生物燃料原料植物约有 4.3 万种，其中有 4000 个品种具有能源开发价值。主要包括甜高粱、甘蔗、油料作物、木本油料作物，以及灌木能源植物等。例如，高糖能源植物有 10 个科，100 多种；富含油脂能源植物约 50 多个科，900 多种。再以木本油料植物为例，拥有麻风树、黄连木、文官果、油桐等 6 个主要树种。中国主要能源植物的分布及单位产出见表 3-5-1。

表 3-5-1 中国主要能源植物的分布及单位产出

原料植物	主要分布区	原料产出（t/hm²）	相当于产出（t）	产能（t 标准煤/hm²）
甜高粱	北方及全国	60~80（茎秆）3~5（籽粒）	4~6（乙醇）	4~6
甘薯	全国	15~20（一般）	2~3（乙醇）	2~3
木薯	西南、华南	20~30（一般）45~75（高产）	4~6（乙醇）10（乙醇）	4~6 10
甘蔗	西南、华南	60~70	4~6（乙醇）	4~6
木本油料	全国	4.0	1.5（油脂）	1.8
能源林	全国	6.5	6.5（成型燃料）	3.3
灌木林	西部及全国	4.0	4.0（成型燃料）	2.6

4. 大量边际土地待开发

所谓边际性土地，指的就是条件比较差、不适于种植粮食等禾本科植物的土地。根据相关的土地资源调查文献资料显示，可以将中国的边际性土地划分为三大类：第一类是可利用但是尚未被利用的宜林宜农荒地，根据调查资料，中国拥有未被利用的土地面积占 2.45 亿 hm^2，其中条件比较好和可以利用的土地有 8874 万 hm^2，宜林土地有 5704 万 hm^2，可开垦宜农土地有 734 万 hm^2。第二类是现有林地中的木本油料林、灌木林和薪炭林，占地面积分别为 343 万 hm^2、4530 万 hm^2 和 303 万 hm^2，其总面积高达 5176 万 hm^2。第三类是在现有 1.3 亿 hm^2 耕地中，约有 5027 万 hm^2 非粮低产农田，其中有 2000 万 hm^2 低产田可以通过调整结构成为能源作物生产基地。以上 3 类边际性土地总面积达到了 13653 万 hm^2（表 3-5-2）。在表 3-5-2 中，从 B1-B6 表示的是 6 大块"边际性土地"，即 B1 为宜农后备地；B2 为宜林后备地；B3 为薪炭林地；B4 为木本油料林地；B5 为灌木林地；B6 为边际性农田。

表 3-5-2　中国边际性土地资源数量

土地名称	土地面积（万 hm^2）	土地名称	土地面积（万 hm^2）
未被利用土地	24509	木本油料林地（B4）	343
可用而尚未用的土地	8874	灌木林地（B5）	4530
宜农后备地（B1）	734	耕地	13039
宜农后备地（B2）	5732	粮田	5116
林地	28280	非粮低产农田	5027
薪炭林地（B3）	303	边际性农田（B6）	2011

这里需要进一步说明的是，中国可用而尚未用的土地面积为 8875 万 hm^2，约占全国土地面积的 9.3%，其中包括荒草地、盐碱地、滩涂、沼泽地、裸土地、苇地等 7 种类型土地。它们依次为 5037 万 hm^2、1041 万 hm^2、704 万 hm^2、434 万 hm^2、390 万 hm^2、186 万 hm^2 和 1083 万 hm^2。这些边际性土地大部分在西部，包括新疆、甘肃、内蒙古、青海和宁夏等省（自治区）。对这些后备土地资源加以开发利用，既可促进西部特色经济的发展，又可扩大生物燃料原料作物（如甜高粱、灌木能源植物等）的种植，具有十分重大的经济社会生态意义。在广西、广东等省（区）的贫瘠丘陵地区和山区，扩大木薯种植，也是大有可为的。据研究，假如全国木薯种植面积增加到 100 万 hm^2，同时通过良种良法，提高木薯单产，就可

能把木薯总产量提高到 3000 万 t，为生产生物燃料乙醇提供了数量庞大的原料资源。

采取发展非粮生物燃料乙醇的基本方针，重点就在于找到适合生产生物质原料的替代土地。这就是符合中国国情的开发利用边际性土地的广阔资源。

3.5.2 发展燃料乙醇的难点

1. 发展一代燃料乙醇的难点

由于一代燃料乙醇的高速发展，随之而来出现了一些问题，不仅是危及了广大发展中国家的粮食安全，而且还对相关的传统产业提出了巨大的挑战。如果不能够及时加以宏观调控，结果必然会侵占和剥夺传统产业的发展空间。为了确保粮食安全以及避免大幅度剥夺传统产业的发展空间，发展燃料乙醇必须保证的是：要避免"与人争粮、与粮争地"。换句话说，也就是必须开辟新的原料领域，或者消化传统产业富余的原料资源。

从 2006 年以后，中国就坚持以适量玉米为原料，不再以小麦、玉米作为主要原料来生产燃料乙醇，而是大力转向开发木薯、甘薯和甜高粱等生物质植物原料。企业家和经济决策者们都认为，开发利用木薯、甘薯和甜高粱等生物质原料，不仅能够做到"不与人争粮、不与粮争地"，而且还能够持续发展生物燃料乙醇，可谓是"两全其美"。但是，相关资料研究表明：利用木薯、甘薯和甜高粱等生产生物燃料乙醇的途径，从真正的意义上讲，概念并不确切，实际上也难以完全做到"不与人争粮、不与粮争地"。对此，必须有符合客观实际的认识。

（1）甘薯、马铃薯、木薯等作物属于粮食的范畴。甘薯、马铃薯和木薯这"三薯"，在世界农作物分类中被划入块茎类粮食的项目中，在中国划入粗粮中。"三薯"淀粉含量丰富，被誉为"淀粉之王"。迄今，丰富的"三薯"资源虽然用途粗放，但是却有多种重要用途：包括食料、饲料和工业原料等。以甘薯为例，据有关部门统计，目前中国甘薯的利用和耗费结构大体有五部分：直接用作饲料的部分占 50%；工业加工占 15%；直接食用占 14%；用作种子甘薯部分占 6%；另有 15% 因保藏不当而腐烂。同样，马铃薯除大量直接用于食物之外，也有相当大部分用作加工淀粉的原料。就木薯来说，在贫困地区非常大的数量直接作为食物和生产配合饲料的原料，最近几年，也是越来越多地被用作生产燃料乙醇的原料。

（2）甘薯、马铃薯、木薯等作物大部分种植于耕地。甘薯、马铃薯、木薯和甜高粱种植面积中，目前已经有大部分利用的就是耕地。例如，在东北、黄淮海地区种植的甘薯、马铃薯等，大部分就是种植在现有耕地上。四川、贵州、重庆、云南、内蒙古、河南、湖南和湖北等省（区）都是甘薯和马铃薯的主产区，甘薯、马铃薯等作物的种植面积在总面积中占有一定的份额。以前 5 个薯类主产区为例，四川省甘薯种植面积 120 万 hm^2 以上；贵州省甘薯种植面积为 82 万 hm^2；重庆市甘薯种植面积达到 73 万 hm^2；云南省甘薯种植面积超过 68.67 万 hm^2；内蒙古薯类种植面积为 54.97 万 hm^2（其中马铃薯占很大比例）。即使是木薯，也有相当大部分种植在耕地上。据调查，在中国最大的木薯产区广西，农户 1/3 的耕地种植的是木薯。如果继续扩大甘薯、马铃薯和木薯的种植面积，就会挤占种植粮食以及其他作物的耕地。

（3）建设边际性土地的限制因素较多。众所周知，建设与开发边际性土地相配套的设施不是一蹴而就的，需要一个过程。中国可开发燃料乙醇能源作物的边际性土地的潜力非常大。然而，由于农业体制和机制、生产力水平、生产技术等多方面因素的制约，导致在短时间内大规模地连片开发和利用边际性土地的难度比较大。尤其是资金供应方面的问题，表 3-5-3 为以甘蔗、玉米、木薯作为原料生产燃料乙醇单位成本，表中包括原料成本、辅助材料和加工成本等在内的单位成本。比较结果显示：能源甘蔗单位成本为 2837.3 元/t；玉米为 5038.5 元/t；木薯为 4259.0 元/t。从表 3-5-3 中可以看出，迄今燃料乙醇的生产成本还是比较高的。

表 3-5-3　以甘蔗、玉米、木薯作为原料生产燃料乙醇单位成本

单位：元/t

项目	能源甘蔗	玉米	木薯
原料成本	2400	3912	3097.5
辅助材料	30.5	98	98
加工净成本	406.8	1028.5	1063.5
其中：			
制造费用	400	1000	480
燃料	0（蔗渣）	520	520
工资	52	50	50
水	14.8	13.5	13.5
电输出冲减	60	—	—
DDGS 冲减	—	436	—
玉米油冲减		119	
合计	2837.3	5038.5	4259.0

此外，燃料乙醇原料生产的季节性与加工生产的连续性之间存在着非常明显的矛盾。通常来说，原料作物成熟期集中、收割期短、易变质酸败，所以必须科学储藏起来，以平衡供求。除此之外，原料产地相对分散，需要广泛收购和运输集中到加工厂。这就是说，开发边际性土地，必须建设与之相配套的收购、储藏、运输，以及质量检测设施，当然更需要各方面的专业人才来进行科学地管理。

综上所述，在一代燃料乙醇的发展上存在着这些难点。目前中国在开发利用生物质原料植物的过程中不能够盲目进行。现在，包括一些决策部门和专家学者都认为利用薯类就是利用非粮作物，就可以收到"不与人争粮、不与粮争地"的效果，这是值得进一步讨论的。现在很多的地方都在积极筹划发展以薯类（包括甘薯和木薯）为原料的生物燃料乙醇，而且规模可观，消耗甘薯、木薯的数量巨大。但是如果盲目过度发展难免发生原料供应跟不上的问题。对此，人们必须保持清醒，相关咨询机构也应该注重提供符合实际的、科学的、合理的鉴定。

针对上述难点和问题，相关领域的专家学者、企业家，乃至经济决策者们都将目光集中到发展二代燃料乙醇上。中国发展生物能源的历史其实并不长，回望这段历史，可以发现，粮食燃料乙醇只是中国燃料乙醇产业发展的一个良好的开端。目前，备受关注的是甜高粱、薯类等能源作物，恐怕这也只是阶段性、辅助性选择，还必须探索和开拓其他更加具有稳定性和持久性的发展途径。因此，大力开拓和发展以木质纤维素为主要原料的二代燃料乙醇已经是重点项目，被认为是未来大规模替代石油的最富有发展前景的产品。

2. 发展二代燃料乙醇的难点

木质纤维素资源丰富，用之不竭，以木质纤维素作为原料生产燃料乙醇的前景十分广阔。但是，目前纤维素燃料乙醇的生产技术还存在着一些难题。

（1）纤维素乙醇技术工艺的难点

纤维素乙醇技术工艺上存在制约性。具体来说，在原料加工的各个过程如预处理、糖化、发酵和精馏中，还存在着制约纤维素乙醇实现大规模工业生产的很多问题。虽然目前国内外很多科研机构都在致力于纤维素酶的开发，也取得了一定的进展，但是还是不能解决纤维素酶法生物转化的根本问题。这些问题主要表现在以下四个方面：

1）木质纤维素预处理技术有待进一步优化和提高。由于天然纤维素原料结构的复杂性，使其纤维素、半纤维素和木质素三者不能有效分离，同时还伴随产生一些中间副产物。实验表明，这些物质抑制酵母的生长和代谢，最终使乙醇的生产率受到影响。

2）缺乏高效生产纤维素酶菌株。现有的纤维素酶制剂效果较低，使得酶解糖化经济成本较高。当前生产 1t 纤维素乙醇需要酶制剂的成本一般在 2200～2600 元之间。

3）纤维素乙醇成熟醪酒度较低，一般水平为 3%～4%，较高水平可达到 6%，生产 lt 燃料乙醇将消耗 30～60t 水，同时将产生几乎同样数量的废液，是目前先进的木薯燃料乙醇生产技术的 5～10 倍，而纤维素乙醇废液可利用价值较低，污水处理与木薯及玉米乙醇相比成本较高，难度也是比较大的。

4）缺乏可以同时高效代谢戊糖和己糖的发酵菌株，戊糖的利用是影响纤维乙醇综合成本的重要因素。

（2）纤维素燃料乙醇的经济性。实际上，限制纤维素燃料乙醇实现产业化和商业化的一个关键因素就是成本问题，纤维素燃料乙醇的成本还是比较高的。据相关报道称，在目前纤维素酶技术水平的条件下，生产 1 加仑燃料乙醇需要使用的纤维素酶的生产费用约为 30～50 美分。这样高的成本势必会对纤维素资源的工业化使用造成很大的影响。目前，科技攻关的目标就集中于将纤维素酶的成本减少到 5 美分/加仑乙醇以下。这需要把酶的比活性或生产效率增高约 10 倍。目前每 t 纤维素乙醇的原料消耗都在 6t 以上，每 t 燃料乙醇的生产成本估算在 5000～6500 元。美国业界目前生产纤维素乙醇的成本居于高位，大体都在 800 美元/t 以上，这明显比石油的成本要高出许多。

（3）纤维素原料收集和运输的困难性。目前，纤维素燃料乙醇工业生产的原料收集和运输都存在一定的困难，因为原料都分散在广大农村和一些边远地区，收集起来比较困难，而且运输成本比较高，再加上没有与之对应的服务体系。因此，很多地方都将大量农作物秸秆直接采取焚烧的方式处理，实在是非常可惜。至今，纤维素燃料乙醇工业生产连续性和原料生产的季节性、原料供应的不稳定性之间存在着矛盾，迫切需要通过建立一个健全农村现代服务体系来对这些矛盾加以处理。

3. 发展燃料乙醇的对策

（1）认真汲取发达国家发展燃料乙醇的经验。国外的一些经济发达国家，尤其是美国、欧盟以消耗大量玉米、大豆油、菜籽油等粮油资源作为原料生产燃料乙醇，导致玉米世界贸易量减少和价格上涨，导致世界粮食安全都受到危及，引起世界、尤其是发展中国家的高度重视。中国要从中吸取经验教训，对二者之间的关系进行客观合理和科学处理。

要汲取国外发展燃料乙醇的经验教训，就要从其发展状况和影响做简要的分析。在 2007 年时，全球用于生产燃料的粮食总量超过了 1 亿 t，打破了世界粮食市场维持多年的供需平衡关系，使全球粮食储备总量猛跌到仅仅相当于 54 天的全球消费量，当时给世界粮食安全笼罩上了阴影。到了 2008 年以后，全球粮价暴涨，有些国家和地区开始出现粮荒，再次给世界粮食安全敲响了警钟。如果持续大量使用玉米等制造燃料，粮食紧缺等问题很可能会进一步加剧。这与欧美、特别是与美国大量玉米燃料乙醇是有直接关系的。大量消耗粮油进行燃料乙醇的生产必然会造成畜禽饲养业饲料供应量的减少而发生"饲料危机"，导致世界畜牧业成为"无米之炊"，进而使市场动物食品供应不足，对人民的生活造成影响。

总之，对于这种以大量粮油为主要原料发展燃料乙醇危害粮食安全的问题，中国发展燃料乙醇必须引以为戒，探索和开拓出符合中国国情的、可持续发展的生物能源产业的新道路和新模式，合理控制粮油原料的使用量。

（2）采取积极对策。虽然中国发展燃料乙醇产业还有很多待解决的经济的、技术的问题，仍然处于任重道远的状态，但是只要大力开展"双创"和科技攻关，就一定能够发展和开拓出一片广阔的未来。目前最需要解决的迫切问题就是，制订和实施必要的对策举措。中国燃料乙醇产业未来的发展、进退、兴衰和成败，主要取决于以下几方面，也简称为"五化"。

1）大力广辟和发展生物燃料乙醇资源，夯实原料基础，从而实现资源的多元化。

2）强化对于科技和相关难题的攻关和研发，突破技术关键，从而实现成本的低廉化。

3）积极开展综合利用，坚持协调发展，同时坚持可持续发展，从而实现可持续化。

4）大力兴起现代服务业，使经营成本有一定程度的降低，从而实现服务社会化。

5）对体制和机制进行积极创新，对资源配置进行合理优化，从而实现产销市场化。

（3）加强生物质原料多样化。这里所说的加强生物质原料多样化指的是以纤维素为主的生物质原料。如何因地制宜地选择适合中国的燃料乙醇原料，对于发展中国的生物乙醇能源产业来说是非常关键的。为了创造具备稳定性、充足性以及竞技性的原料生产及供应，中国应该采取广辟门路、开辟以纤维素为主的多样化生物质原料的对策，充分利用地域优势，走原料多样化的途径。其要点主要包括两方面：一方面，要合理控制发展粮食燃料乙醇，如玉米乙醇、木薯乙醇、甘薯乙醇和甜高粱乙醇等。发展粮食燃料乙醇所消耗的粮食数量要以不损害国家粮食安全为限度和适度。毫无疑问，中国必须坚持"不与人争粮、不与粮争地"的方针，不可以盲目大量利用玉米生产燃料乙醇。至于"三薯"，可以积极开发生产燃料乙醇。另一方面，可以大力开辟和发展纤维素生物质原料，主要是包括农作物秸秆、壳糠类纤维素质生物原料与灌木能源林纤维素质生物原料。除此之外，尤其是要有重点地抓好玉米、水稻、小麦和棉花等量大面广的作物秸秆。与此同时，更要下大力气去开发边际性土地，因地制宜广泛种植能源灌木林植物，为发展二代燃料乙醇生产、供应用之不竭的纤维素生物质原料。

总之，不仅要因地制宜广辟生物燃料乙醇资源，还要能够抓住重点，狠抓木质纤维素生物质原料的生产和供应。木质纤维素生物质原料有可能成为未来中国生产燃料乙醇的主要原料资源。

（4）加强燃料乙醇原料利用的综合化。提高中国燃料乙醇产业市场竞争力的关键因素之一就是发展燃料乙醇原料的综合利用。国内外对于燃料乙醇原料的综合利用都提供了很多有用的借鉴。例如，美国综合利用玉米原料，在生产燃料乙醇的过程中，又取得高附加值的 DDGS 高蛋白饲料和高营养价值的玉米油等产品；还有巴西利用榨出的甘蔗汁液直接生产燃料乙醇，然后再利用甘蔗渣作为燃料进行发电，为生产燃料乙醇提供了廉价的电力和蒸汽。中国的玉米、甘薯燃料乙醇企业也注重原料的综合利用。例如，河南天冠公司在生产生物燃料乙醇的过程中，还综合利用原料生产高蛋白饲料、饮用酒及利用废液生产沼气等产品。通过综合利用发展循环经济，可使大量生物质原料无害化和资源化，提高经济效益，又有利于环境保护，实现经济、社会与生态的协调发展，尤其是欠发达地区更加需要实现这三者的协调发展。这就意味着，振兴生物燃料产业经济开辟了低能耗、低排放、低污染的低碳经济的广阔途径，因此应该大力加强燃料乙醇原料利用的综合化。

（5）加强科技攻关。非粮生物燃料乙醇以生物质原料植物为原料。这些能源作物也称为"能源农业"，其产销具有农业产业经济的特点，所以燃料乙醇将是中国最有可能实现产业化组织经营的主要生物能源产品。

中国燃料乙醇产业的发展历史并不长，企业体制和经营机制等都不是很适宜，而且，中国燃料乙醇产业整体技术水平都比较低，生产技术工艺还有待突破。如果仅仅是对传统食用酒精的生产技术工艺进行改造，远远不能适应工业化燃料乙醇生产的需求。食用乙醇对杂质要求较高，但对水分要求不高；而燃料乙醇对杂质要求不高，但对水分含量要求很高，对能耗物耗也有很高的要求。这些不同要求决定，只在原食用乙醇生产线上增加脱水装置，对精制工艺不加改造而建成的燃料乙醇装置，是不适应需要的。这种技术工艺流程在技术上不尽合理，在经济上操作成本高昂，因而是无法采用的，必须有根本性的突破，研发新的生产燃料乙醇的技术工艺，推进纤维素燃料乙醇实现产业化。只有尽快取得关键技术的突破，尤其是要把纤维素酶的成本减少到最低限度，把酶的比活性或生产效率增高10倍以上。这样，才能为纤维素生物燃料乙醇的持续发展提供广阔的前景和空间，有望在短时间内实现纤维素乙醇商业化生产，这对于中国生物能源具有非常重大的意义。

（6）发展农民专业合作化。燃料乙醇产业经济是传统农业生产的一种拓展和延伸，它是与"三农"息息相关的现代生物质新兴产业。广大农民是生物质原料生产的主体，广大农村是生物质原料生产的广阔天地。为了能够充分发挥广大农民的主体作用，我们需要对现代农业制度进行创新，同时，对农民组织化程度进行提高。其有效途径之一就是大力发展农民专业合作社，如能源林木专业合作社、木薯专业合作社、秸秆收集合作社等。各类农民专业合作社均采取新型合作制，以社会化和专业化服务农民作为宗旨，以"民办、民用、民有"作为原则，以与生物燃料乙醇企业结合的"产供销"一体化经营为形式，开创生物燃料乙醇原料生产和供应的新模式，使农民与企业结为利益共同体。

（7）加强国家财政扶持的精准化和制度化。从某种程度上来说，燃料产业就是能源农业产业。对于边际性土地的开发和利用，就是向农业的深度和广度开拓；在改良边际性土地基础上，综合考虑非粮燃料乙醇原料开发利用，能够点燃农村新的经济增长点；在发展农业和农村经济方面，能够延长产业链条，拓宽生产领域和农民增收渠道；在生态效益方面，通过大力推进农业资源节约使用和循环利用，减少农村秸秆、畜禽粪便和滥用化学品的三大污染源，能够改善农村环境和农村能源的消费结构与质量。尤其是在开放利用边远地区边际性土地的过程中，要积极走产业化经营之路，使之分享土地开发、扩大就业、工商利益、环境改善等方面的成果。鉴于上述，开发利用农村各种生物燃料资源，就是"三农"的有机内容。因此，国家财政加大对生物燃料乙醇产业的支持，就是对能源农业产业的扶持，对解决中国的"三农"问题具有重大战略意义。从目前中国的实际情况和急迫需要出发，其扶持的重点包括"五加强"：

1）加强基础，就是开发和开源农作物秸秆和能源灌木林生物质原料，促使纤维素生物质原料成为中国生物燃料乙醇产业的主要原料，尽力加强其原料薄弱的环节。

2）加强开发，就是大力开拓和利用边际性土地，建设产量高、质量高、效益高的各类纤维素植物的生产基地。

3）加强关键，就是加强关键性科技难题的攻关和生物燃料先进技术工艺的研发，尽快攻下制取纤维素燃料乙醇的高效酶制剂及关键技术装备的难关。

4）加强制度，就是公共财政对生物能源，特别是对农村生物燃料资源的开发的精准扶持要实现财政化、机制化和法制化。国家财政可以把支持发展生物燃料生产、流通和消费纳入农业补贴的范围，并作为扶持的重点，实现稳定化、精准化和制度化。

5）加强营销，就是建立健全生物能源产品的市场流通体系，扩大其使用范围。

第 4 章　纤维素的预处理

第4章　纤维素的预处理

关于木质纤维素的预处理技术，人们在过去的几十年里已经发现了很多种不同的方法。将其进行分类，大致可以分为如下四类：化学法、物理法、物理化学综合法和生物法。本章主要介绍的是化学法预处理木质纤维素、物理法预处理木质纤维素、物理化学综合法预处理木质纤维素、生物法预处理木质纤维素和有机溶剂法处理木质纤维素，以及木质纤维素预处理反应器。

4.1　化学法预处理木质纤维素

本节论述的是化学法预处理木质纤维素，处理木质纤维素的化学方法有很多，在此将稀酸预处理技术作为化学法的代表，着重介绍化学法预处理木质纤维素的技术。

在常温下用酸对木质纤维素材料进行处理可以提高生物质的厌氧消化性能，这个结论已经被验证了，是正确的。其原理为用酸对木质纤维素材料进行处理，可以溶解原料中的半纤维素，从而提高纤维素的可及度。用酸对木质纤维素材料进行处理的研究中所使用的酸，可以是稀酸，也可以是浓酸。如果用浓酸对木质纤维素材料进行处理，在低温下就可以将更多甚至全部的纤维素水解成单糖，但又因为浓酸具有这些弊端：会污染环境；具有强腐蚀性，就需要特殊材料制成的处理装置；可能会把更多的单糖进一步转变成抑制发酵的产物，如羟甲基糠醛（HMF）、糠醛等；为了使生产过程具有经济可行性，要回收处理后的浓酸，但是到现在为止还没有高效低成本的酸回收技术，等等。因此，更多研究者将目光放到稀酸预处理技术上。

根据现有资料的记载来看，记载比较多的就是稀酸预处理方法。多类植物纤维原料（如阔叶木、农业废弃物、针叶木、草类原料等）都已经开始应用稀酸预处理技术并且也都已经取得较好的预处理效果。其中，效果最明显的就是玉米芯和玉米秸秆这类原料，那是由于酸很容易将这些原料中的半纤维素组分水解溶出。在用稀酸对木质纤维素材料进行处理的研究中所使用的酸，大多数都是一些便宜并且有效果的稀硫酸，并且硫酸浓度要小于4%（质量分数）。除了使用稀硫酸对木质纤维素进行预处理外，还有使用盐酸和硝酸以及磷酸等对木质纤维素进行预处理的记载。

4.1.1 技术简介

关于用稀酸处理木质纤维素的方法，一般情况下，就是将木质纤维素在稀酸溶液中浸泡，还可以在酸中加入一些溶剂，直到稀释到所要求的浓度后，将其喷洒到木质纤维素上，然后将反应装置加热到140~200℃，将反应进行一段时间：最少为几分钟，最多不得超过一个小时。关于对装置进行加热的方式，可以用直接加热法，也可以用间接加热法。直接加热一般是采用将蒸汽直接通入反应器中进行加热，这与蒸汽爆碎预处理时的加热方式相同；间接加热就是通过容器壁传热加热。在加热过程中为了使生物质与稀酸混合均匀，还可能需要进行搅拌。

关于用稀酸对木质纤维素的预处理方式有两种：一种是在温度高于160℃的高温条件，并且满足固形物的含量比较低（高液比）；另一种是在温度低于160℃的低温条件，并且满足固形物的含量比较高（低液比）。稀酸在高温和高液比条件下对木质纤维素预处理，可以将木质纤维素中的半纤维素有效地去除并且获得较高的木糖得率，纤维素的葡萄糖得率最高可以与100%非常接近。但是，将稀酸在低温和低液比条件下对木质纤维素预处理，后续糖化段的总糖收率有所降低，那是因为糖发生了降解反应。

除此之外，还有一种叫做"流动式稀酸预处理（flow-through acid pre-treatment）"的工艺（Mosier, et al, 2005）。其工业流程为：在一种逆流式流动反应器装置（countercurrent flow-through reactor configuration）中，把酸浓度大约为0.07%的硫酸溶液（一般情况下，用于预处理的酸，其浓度为0.7%~3.0%）先流经高温反应区，再流经低温反应区，先在低温下对原理进行预处理可以溶出半纤维素，也可以防止单糖进一步发生水解反应，还可以提高糖的回收率；接下来在高温区对降解较难的半纤维素组分进一步水解。采用这种流动式预处理方式对黄杨原料进行处理，在硫酸浓度为0.4015%~0.0735%（质量分数），低温区温度分别是140、150℃和174℃，高温区温度分别是170、180、190、200℃和204℃，高温和低温下的处理时间分别为10min、15min和20min时，物料中83.0%~100%的半纤维素和26.3%~52.5%的木素被溶出，其中79.6%~95.2%的半纤维素被水解成单糖，其余为低聚糖。对原料中纤维素进行预处理之后，其酶解率大于 90%。在酸浓度很低的条件下，采用该工艺对原料进行预处理，尽管半纤维素糖的收率很高，纤维素的酶消化性也很好，但是在预处理过程需要很高的固液比，也就是说预处理和产物回收过程中要求太高。因此，用稀酸对木质纤维素材料进行处理的商业化应用前景还需要进一步研究。

4.1.2　过程分析

在用稀酸对木质纤维素进行预处理的过程中，因为半纤维素具有支链、聚合度低等特点，使其更加容易发生水解反应，从而将水解产物低聚糖或单糖溶解到水解液中。因此，用稀酸对木质纤维素进行预处理，发生的水解反应主要是半纤维素的水解反应，尤其是木聚糖的水解反应，那是因为与半纤维素以及木聚糖相比较，聚葡萄糖甘露糖的化学性质还是比较稳定的。用稀酸对原料进行处理，导致纤维素的平均聚合度有所下降，从而使反应能力增大，酶水解率就有很明显的提高。但是经过稀酸处理后，生物质中木素的含量变化不明显。如果预处理时的酸浓度和预处理强度比较高，预处理过程中部分溶解的木素组分会发生缩合并重新沉积到纤维表面，而木素的缩合和沉淀可能会降低纤维素的可消化性。

在用稀硫酸对原料进行预处理的过程中，物料发生水解反应，最终生成寡糖和单糖。1945 年，Saeman 发表的一篇文献中，把稀酸水解看作是一个均一性的反应过程，其中稀硫酸在作为催化剂的条件下纤维素发生降解反应最终生成葡萄糖的反应，接着将葡萄糖发生降解反应，生成 HMF 和其他降解产物，并把它作为基础建立了模拟模型。该模型认为在酸水解过程中聚合物中的糖苷键具有几乎相同的可反应性，后来的许多研究者引用该动力学模型来描述半纤维素发生水解反应以及生成糖醛和其他产物的规律。

在许多稀酸水解模型中，一般情况下都会把产生的低聚物忽略掉，那是因为他们都认为低聚物在酸水解反应过程中不是最终的物质，只是短暂停留，所以就认为低聚物不重要。但一些研究者在间歇式水解反应体系中也发现有低聚物的存在，在极稀酸或流动式（flow-through）热水预处理体系中，主要产物就是低聚物。因此，对于渗透式和间歇式以及流动式稀酸催化的反应体系来说，改良后的动力学模型包括了这个过程：半纤维素发生水解反应生成低聚物，紧接着低聚物发生降解反应生成糖，糖又发生降解反应生成糠醛和其他产物等。半纤维素的水解模型还把固态半纤维素的水解过程看成是两个阶段的反应：一个是快速水解过程；另一个是慢速水解过程。

采用一种叫做"联合强度"的简单方式，这可以用来评估稀酸预处理的工艺条件，也可以用来评估对糖或乙醇总产率等主要因变量的影响，还可以用来对预处理的结果做出判断（Mats，et al，2007）。但是由于该因子并不能提供一个精确的强度测量标准，只能用它进行粗略的估计。在公式中，预处理强度被描述为处理时间（min）和温度（℃）之间的函数关系，同时也要将酸催化条件下 pH 值的影响考虑在内。

联合强度被定义为：

$$联合强度\ CS = \lg R_o - pH$$

$$强度因子\ \lg R_o = \lg\left[\,t\,\exp\left(\frac{T - T_{ref}}{14.75}\right)\right]$$

式中，t 为预处理时间，min；T 为温度，℃；其中 T_{ref} 是已知的，等于100℃。

在用弱酸对木质纤维素进行预处理的过程中，为了提高纤维素的酶解性能往往需要高强度的预处理。但是，与此同时，比较剧烈的预处理条件也会使半纤维素糖发生过度降解反应。因此，良好的预处理就是半纤维素发生水解反应生成单糖，但单糖不再发生进一步的降解反应。但对现有的预处理技术来说，在同一个预处理强度下，不可能同时达到这两种效果。根据文献资料，由模型预测，在预处理液 pH 值达到 2.0~2.5 的范围内，糖的产率将达到最大值（Baugh，et al，1988）。

由于一些原料中会含有一些矿物质，在用酸对原料进行预处理的过程中，这些矿物质可以发生中和反应而消耗一部分酸。因此，用酸对原料进行预处理的时候，必须添加额外的酸来补偿这部分酸，并通过计算 H^+ 浓度，可以改进预处理的效果。在 1986 年，Grohmann 和一些著名的学者在高固形物浓度为20%~40%的条件下，用稀硫酸对杨木和麦草原料进行预处理，发现对于杨木来说，稀硫酸的浓度在 0.45%~0.85%范围内时，可使得预处理液的 pH 值下降到 1.1~1.5 左右；但对于麦草来说，为了补偿麦草和酸发生中和反应而消耗的那部分酸，硫酸浓度则需要至少为 2.0。

4.1.3 几种原料的稀酸预处理效果

玉米秸秆在农业方面算是一种废弃物，并且也非常多，尤其是在美国与欧洲，所以研究者把目光放到对玉米秸秆的预处理上了。由于我国是农业大国，所以我国也有很多玉米秸秆，关于用稀酸对玉米秸秆进行预处理的研究也有很多记载。由于玉米秸秆中含有很多的半纤维素，并且这些半纤维素在酸的条件下很容易发生水解反应，所以特别适合用稀酸法对其进行预处理。

姚兰是山东大学微生物技术国家重点实验室的一员，她和她的同事运用稀硫酸对玉米秸秆进行预处理，在固液比为 1：20，硫酸浓度按质量分数来算为 0.75%，将温度调节到 170℃ 的条件下，将玉米秸秆充分反应，一个小时后发现：玉米秸秆中葡聚糖在用稀硫酸对其进行处理之前，其含量为 36.4%，用稀硫酸对其进行处理之后为 57.9%，增加了 21.5%；玉米秸秆中聚木糖在用稀硫酸对其进行处理之前，其含量为 22.4%，用稀硫酸对其进行处理之后为 0.98%，下降了 21.42%，也就是说玉米秸秆中95.6% 的半纤维素被溶出。预处理后的原料在底物浓度为 20g/L、pH 值为4.8、温度为 50℃、纤维素酶的用量为 25FPU/g 底物的条件下，用纤维素酶对其进行水解，将其充分反应，72h 后发现：纤维素的转化率达到84.2%。利用味精厂呈酸性的废水，通过蒸发作用将其中的酸性组分（液相）提取出来，将上述中的固液比为 1：20，硫酸浓度按质量分数来算为0.75%，温度调节到 170℃ 的条件被该组分取代，用该组分对玉米秸秆进行预处理，将玉米秸秆充分反应，1h 后，反应结果见表 4-1-1。

表 4-1-1　味精废水经蒸发后提取的酸性组分和新鲜稀硫酸预处理玉米秸秆后
固体残余物的化学组成、糖回收率和预处理废液中抑制物的含量

| 酸源 | 预处理后物料中的各化学组成含量/% | | | | | 回收率/% | | 纤维转化率/% | 糠醛/（g/L） | HMF/（g/L） |
	葡萄糖	木糖	酸不溶木素	酸溶木素	乙醇抽出物	葡萄糖	木糖			
味精酸性废水	57.01	0.69	26.60	0.30	12.00	82.1	1.6	86.84	0.40	1.74
硫酸	57.94	0.98	25.68	0.32	11.79	84.1	2.3	84.19	0.44	1.94

注：1. ①预处理条件：170℃，60min，酸浓度 0.75%（以硫酸计），固液比 1：20。

2. 预处理后固体物料中的单糖回收率，以预处理前原料中各单糖含量为基础计算。

3. 酶水解条件：底物浓度 2%，pH 值 4.8，50℃，酶用量 25FPU/g，时间 72h。

通过对比发现：在酸浓度相同的条件下，运用稀硫酸和上述味精厂的废水中提取的酸性组分分别对玉米秸秆进行预处理后，残余固形物物料中木糖和葡萄糖以及木素的含量基本类似，木糖和葡萄糖的回收率也基本类

似，并且稀酸和味精厂的废水中提取的酸性组分对玉米秸秆处理后，具有相似的酶解性能，在相同酶解条件下纤维素的转化率大致相当。除此之外，预处理过程中在预处理液中产生的 HMF 和糠醛的浓度也类似。上述结果显示，硫酸可以被味精废水中的酸性组分取代对玉米秸秆进行预处理，在对新鲜硫酸原料消耗节省的同时，又使得废水得到进一步的有效应用，这是一个两全齐美的办法。此外，进一步研究发现，利用上述味精废液蒸发后剩余的固体组分作为培养基的氮源培养青霉菌株 *P. decumbens*140-12，与原来培养基中采用硫酸铵作为氮源相比，经液体发酵后产生的粗酶液具有稍高的 β - 葡萄糖苷酶活力和纤维素酶活力，该粗酶液在后续的酶水解过程可以直接应用。上述研究中将味精废水中的酸性组分取代硫酸的应用，为味精废水的回收利用找到了一个新的方法。

曾经有人采用单因素实验并结合中心组合设计（central composite design）实验方法，对利用稀硫酸预处理法处理玉米秸秆的效果进行了研究，如图 4-1-1 所示。通过图 4-1-1（a）和图 4-1-1（b）可以看出：在用稀硫酸对玉米秸秆进行预处理时对木糖的溶出影响最大的是酸浓度，温度和处理时间对预处理液中木糖浓度的影响则相对较弱。根据在尽可能获得高的木糖产率的同时，纤维素的降解尽可能地少，且预处理液中糠醛等抑制物的生成量最低的原则，认为稀硫酸预处理比较适宜的条件为：固液比为 1∶10，硫酸按照质量分数来算浓度为 1.2%，温度为 150℃，将其充分反应，50min 后发现：预处理后固料中的葡聚糖含量为 64.1%，预处理液中的木糖浓度为 14.2g/L。

在 2005 年，Lloyd 和 Wyman 在干物质按照质量分数来算浓度为 5%时，用按照质量分数来算浓度为 0.49%的硫酸浸泡玉米秸秆后，反应器用间接加热的方式对玉米秸秆进行预处理。结果发现：将温度调节到 160℃对玉米秸秆预处理 20min 时，葡萄糖产率是最高的，为 91.6%；木糖的产率也是最高的，为 91.2%。而高的液固比可以有效防止半纤维素糖发生降解反应。

在 2005 年，Eggeman 和一些著名的学者，对采用氨纤维爆碎（ammonia fiber/freeze explosion，AFEX）、石灰处理、稀酸水解和氨循环渗透（ammonia recycled percolation，ARP）以及高温热水（liquor hot water,）处理等 5 种不同方法对玉米秸秆预处理的过程中生产乙醇时的预处理成本进

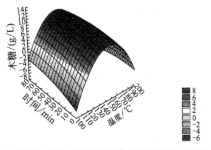

（a）温度和时间对预处理后物料葡聚糖含量的影响

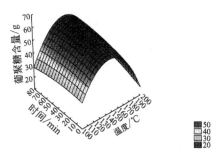

（b）温度和时间对预处理液中木糖浓度的影响

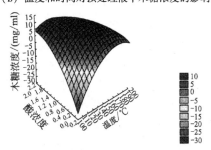

（c）温度和酸浓度对预处理液中木糖浓度的影响

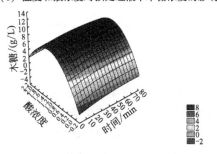

（d）时间和酸浓度对预处理液中木糖浓度的影响

图 4-1-1　玉米秸秆稀硫酸预处理时预处理条件对预处理液中木糖浓度和物
料中葡聚糖含量的影响

行了比较。预处理的设计是把 CAFI（biomass refining consortium for applied fundamentals and innovation）研究中不同研究小组的实验数据作为基础，在美国可再生能源实验室（NREL）为全规模生物乙醇生产工厂开发建立的白杨木模拟车间中进行。模拟实验的基础就是每天消耗 2000t 的干玉米秸秆，整个工艺过程包括预处理、同步糖化发酵（SSF）、乙醇的回收，以及用浆料和过程中的固体残余物生产热和电（产生的热和电提供上述生产过程内部使用）。在上述所有实验中，除了预处理工艺外，其余的工艺流程完全相同。通过比较发现，生成乙醇的成本最低的是运用稀酸对玉米秸秆进行预处理，如果不把运用预处理和水解步骤中释放的寡糖来生产乙醇考虑进去的话，乙醇的生产成本就为：每升的成本为 0.26 美元。但需要特别注意的是，要想将上述的五种不同的方法来生产乙醇的成本进行一个更加公平合理的比较，需要在所使用预处理方法具体特点的基础上，把优化所有可能选择的工艺考虑进去。

兰州交通大学的陶玲和她的同事用稀酸对木材原料进行了预处理研究。预处理的工艺流程为：用电动粉碎机将新疆杨（Populus bolleana）、箭杆杨（Populus nigracv）、河北杨（Ponulus hopeiensis）和银白杨（Ponulus alba）以及大叶杨（Populus lasiocarpa）等 5 种杨木的幼苗粉碎后，在固液比为 1∶30，用浓度按质量分数来算为 1% 的 H_2SO_4，常压条件下，对其进行煮沸处理，1h 后，用去离子水对其进行冲洗，将 pH 值调整至中性后，对获得的固体样品进行分析，发现 5 种杨木经过稀硫酸预处理后，纤维素含量有所增加，半纤维素的含量有所下降，木素的含量也有所下降。用上述工艺对上述 5 种杨木的幼苗预处理进行比较，发现处理效果最好的是箭杆杨和大叶杨，大叶杨的半纤维素减少了 50.5%，箭杆杨的半纤维素减少了 37.7%。

对于针叶木原料的预处理来说，用浓度按照质量分数来算为 0.4% 的 H_2SO_4，将花旗松和北美黄松浸透，当温度达到 201~231℃ 范围内，让反应进行 125~305s，并对预处理后的物料进行酶水解、SSF 等实验。酶水解时固体浓度为相当于 1%（质量分数）纤维素时的浓度，酶用量为 60FPU/g 纤维素。结果表明：要想测定出葡萄糖的产率为理论值的 80%，只在温度为 212℃、反应时间为 105s 的预处理条件下可行。对可发酵性能检测进行的实验发现，用稀酸对原料在 230℃ 条件下进行预处理，原料不可以发酵；用稀酸对原料在 215℃ 条件下进行预处理，原料的可发酵性很差。

对于那些很难进行预处理的原料（如针叶木）来说，为了减少糖的降解，可以采用两步法用稀酸对其进行预处理。首先，在相对温和的条件下将很容易降解的半纤维素组分溶出，为了避免半纤维素糖类发生进一步的降解反应生成羟甲基糠醛和糠醛以及其他产物，分离后需要再对物料进行高强度的预处理。用稀酸法对针叶木进行两步的预处理，半乳糖、阿拉伯糖、木糖、甘露糖的回收率都很高，可以达到 70%~98%，但葡萄糖的产率却很低，不到 50%。在 1999 年，美国的 BCI（BC International Corporation，现在为 Verenium 公司）已经将该预处理技术进行商业化了（Wyman），首先将温度调节到 170~190℃下将半纤维素发生水解反应，然后再将温度升高到 200~230℃，将纤维素组分发生水解反应。然而，纤维素在高温下发生水解反应依旧会使糖发生降解反应并产生一些抑制物，同时也将糖的产率降低了，生成乙醇的产率也降低了。

4.2　物理法预处理木质纤维素

本节论述的是物理法预处理木质纤维素，处理木质纤维素的物理方法有很多，在此将蒸汽爆碎预处理技术作为物理法的代表，着重介绍用物理法预处理木质纤维素的技术。

4.2.1　技术简介

蒸汽爆碎预处理技术又叫做蒸汽预处理技术，蒸汽爆碎技术在最开始的时候被作为一种制浆方法用于机械浆的生产，它用蒸汽作为操作流体，在压力为 6.9MPa，温度为 558K 的条件下，把废弃材料加工成纸浆用于生产建筑纸板。到目前为止，不管是国内还是国外的研究，蒸汽预处理（steam pretreatment）是应用非常广泛的一种预处理木质纤维原料的方法，这种方法还被叫做蒸汽爆破（steam explosion），因为人们相信作用于纤维的"爆破"对促使原料更适于水解是必需的。在蒸汽对原料进行预处理时，一般情况下就采用高压饱和蒸汽，温度为 160~240℃（对应的压力在 600~3400kPa 之间）的条件，反应时间为几秒钟到几分钟，之后将压力释放。"蒸汽预处理"和"蒸汽爆碎"不同的是：用蒸汽爆碎对原料预处理结束时，反应器中的压力被突然释放，生物质被迅速冷却。由于压力的突然降低，生物质细胞壁里的水蒸气立即蒸发，水蒸气的膨胀对周围的细胞壁结构施加了一个剪切力，如果这个剪切力足够高，将会导致细胞壁破裂。但这种由于爆破引起的生物质结构的变化对生物质可消化性的影响作用，目前还需要进一步的研究。

4.2.2　作用过程分析和影响因素

1. 过程分析

在用蒸汽对原料进行预处理的过程中，高压蒸汽通过扩散作用渗入到原料的内部，紧接着将其冷凝成液态水，使细胞壁受到润湿，在预处理结束时用气流的方式将其从封闭的孔隙中释放出来，使纤维发生一定的机械断裂；同时，高温高压条件使纤维素内部氢键的破坏和有序结构的变化变得更快；原料中的半纤维素在高温条件下会发生分解反应很快释放出有机酸（如乙酸和糠醛酸），半纤维素在分解反应生成的有机酸的催化下发生了分解反应（但也有其他研究者对此不太认可，他们认为分解反应生成的有机酸的作用不是对半纤维素的溶解起到催化作用，而是对溶解的半纤维素寡糖发生水解反应起到催化作用），产物中主要是木糖，还有少量的葡萄糖；蒸汽预处理过程中细胞间的木素也能出现熔化，并发生部分降解，变得易于被热水、有机溶剂或稀碱抽提；加上突然减压爆碎的机械分离作用，使植物细胞间质或细胞壁变得疏松，细胞游离，纤维素的可酶解性明显增强。但更可能的是，蒸汽预处理的影响是由于半纤维素的酸水解，这也是一些纤维原料比另一些原料更容易降解的原因。特别是农业废弃物和一些阔叶木中包含有机酸，它可作为半纤维素水解的催化剂。已经记载过的用蒸汽爆碎技术对如蔗渣、棉秆、麦草、杨木、秸秆、剑麻纤维等多种木材和非木材纤维原料进行预处理的试验，结果都表明：经过汽爆后的物料很容易将木素和半纤维素以及纤维素各组分之间进行分离，这对随后酶解段的纤维素转化率有很大的提高。然而，用蒸汽技术对针叶木材料进行预处理的效果相对较差。

在用蒸汽技术对原料进行预处理的过程中，在一些原料组分中，半纤维素是主要部分，以寡糖和单糖的形式在液相中溶解。固相中的纤维素变得更容易与酶接近。在预处理过程中的多种方式，如采取连续分离出释放的糖，添加额外碱预处理过程中使 pH 值保持在 5~7 的范围，对其进行处理，以避免在用蒸汽技术对原料进行预处理的过程中单糖发生进一步的水解反应。要想使获得的戊糖和己糖的产率很高，使反应生成的纤维素组分也很容易进一步发生水解反应生成葡萄糖，这样的条件一般很难满足。这时可采用两步蒸汽预处理工艺，首先为了回收半纤维素糖可以在低强度下对其进行蒸汽预处理，然后为了避免戊糖在高强度进行预处理的过程中被进一步水解，就对物料进行高强度的蒸汽处理。

2. 影响因素

处理时间是影响蒸汽预处理效果的因素，蒸汽温度是影响蒸汽预处理效果的因素，物料粒径是影响蒸汽预处理效果的因素，物料湿度（含水量）是影响蒸汽预处理效果的因素，原料种类是影响蒸汽预处理效果的因素，催化剂的浓度是影响蒸汽预处理效果的因素。其中，对蒸汽预处理效果影响最大的因素是预处理时间和温度。预处理时间对半纤维素的水解程度起决定作用，半纤维素的水解对后续的发酵过程有所帮助。但预处理时间过长，会导致降解产物的增加。预处理温度决定了反应器里的蒸汽压力，在高温下预处理时，反应器内部蒸汽的压力与外部大气环境的压力差增大，会增加爆破时由于水蒸气的蒸发而产生的剪切力。因此，通过调节预处理温度和预处理时间，可控制蒸汽爆破的程度，把预处理引起的糖降解产物降低到最低限度。在用蒸汽对原料进行预处理时，预处理的强度常用"强度因子（$\lg R_\circ$）"来表示，强度因子（$\lg R_\circ$）把预处理温度与预处理持续时间进行了有机的结合。

半纤维素的最佳水解效果可通过两种途径来实现：一种是将蒸汽温度降低，使反应时间变长；另一种是将蒸汽温度升高，使反应时间变短。然而，经过对比发现，将蒸汽温度降低，使反应时间变长的方法，使半纤维素的溶解以及物料的酶解更容易发生，但糖类发生降解反应会生成较多的抑制物。

由于不同种类的生物质原料的化学组成都不一样，所以用蒸汽爆破对不同种类的生物质原料进行预处理时对最佳温度和时间的要求也有所不同。对于木糖含量高的物料来说，最好采用较温和的预处理条件，而且预处理时间要短一些。但对于木糖含量低（葡萄糖含量高）的物料来说，最好采用较强烈的预处理条件，而且预处理时间要长一些。

在用蒸汽对原料进行预处理的过程中，生物质材料的湿度会对预处理需要的时间有一定的影响。也就是说，生物质材料的湿度越高，蒸汽预处理需要的时间就越长；生物质材料的湿度越低，蒸汽预处理需要的时间就越短。

为了对原料的处理效果有所改善，可以采用将蒸汽爆碎处理与化学处理相结合的工艺。例如，在用蒸汽爆破对杨木进行预处理的过程中加入 NaOH，在一定的 OH^- 浓度下，木素脱除率最高可以达到 90%；在此过程中加入 H_2SO_4（或 SO_2）和 CO_2，或者用乙酸、甲酸等有机酸溶液预浸渍原料木片，这对半纤维素的水解程度都可以起到提高的作用，将反应温度降低，反应时间缩短，在将半纤维素糖回收率提高的同时，也使糖降解产物的形成减少了，对固体残余物的酶水解效率有所改善，使得后续酶解过程的酶用量有所降低。在用蒸汽对原料进行预处理的过程中，使用酸可以产生与稀酸水解类似的作用，与用稀酸对原料进行预处理中的固液比相比，其固液比更高。

4.2.3 蒸汽预处理/蒸汽爆碎技术的应用效果实例

1992 年，山东大学的陈洪章和一些著名的学者，用蒸汽爆碎对造纸厂麦秸备料的纤维废渣进行了预处理实验，该实验采用的方法有两种：一种是均匀设计；另一种是旋转回归设计。对用蒸汽对原料进行预处理的工艺进行了优化，发现了最佳参数：蒸汽爆碎条件为罐压 1.5~1.6MPa，维压时间为 17~18min。预处理后原料的纤维素酶解产糖率为 65%。酶解产糖率相对较低的原因可能是受到汽爆后原料中的灰分含量过高的影响（汽爆后达到 36.1%）。对表 4-2-1 的结果进行分析发现：预处理的强度越高，半纤维素含量降低越多，可溶性木素含量也增加越多。值得一提的是，随着处理强度的不断增强，酸不溶木素含量呈现出先下降后上升的趋势。在中等处理强度下，酸不溶木素含量出现下降的现象，这与木素可以溶化的结果相匹配；而在高处理强度下，酸不溶木素含量反而出现上升的现象，这很可能是因为在高温处理条件下破坏了多戊糖的分解反应，生成了所谓的假木素造成的，但它对纤维素水解反应没有特别明显不好的影响。

表 4-2-1　蒸汽爆碎处理强度对麦草处理后固体残渣化学组分的影响

预处理强度	半纤维素/%	可溶性木素/%	Klasson/%	纤维素/%
92	4.9	6.0	18.2	28.3
91	4.8	6.2	22.0	27.8
80	9.0	5.9	10.1	33.5
78	7.3	4.4	15.2	30.1
70	11.9	3.9	15.0	33.3
62	14.3	3.1	15.7	35.5
60	15.7	2.3	19.3	36.0
49	15.4	2.6	20.2	35.6
48	15.2	3.8	18.4	36.4
对照样	19.4	0.1	22.3	35.8

注：1. 蒸汽爆破后固体残渣用热水抽提后的物料，抽提条件为固液比 1∶10，煮沸 5min。

2. 预处理强度为蒸汽压力（MPa）× 50+时间（min）。

3. 采用甲醇抽提法。

　　Varga 和一些著名的学者在高固形物含量（生物质含量高）下采用直接通入蒸汽的方法，对在硫酸作为催化剂条件下的玉米秸秆的蒸汽预处理进行了研究。运用按照质量分数来算浓度为 2% 的 H_2SO_4，温度调节到 190℃，反应时间为 5min，利用 25FPU/g 干物质的酶用量在 5% 固形物浓度下水解后，得到了木糖和葡萄糖以及阿拉伯糖总糖的最高得率为 56.1g/100g 原料，相当于理论值的 73%。在上述条件下对玉米秸秆进行预处理的过程中，葡萄糖的总得率高于 74%。

　　在采用蒸汽对原料进行预处理的过程中，将作为催化剂的 H_2SO_4 被其他的酸取代，这对各种原料的水解影响有相似的效果。例如，在采用蒸汽对玉米秸秆进行预处理时，将作为催化剂的 H_2SO_4 被质量分数大约为 2%~3% 的 SO_2 取代，预处理时采用 35% 的高物料浓度，将温度调节到 190℃，反应时间为 5min 时，葡萄糖产率最高，达到理论值的 90%，木糖的产率也是最高，达到理论值的 84%。固形物浓度更高（干物质浓度 40%）时，玉米秸秆经过 SO_2 浸透后，将温度调节到 200℃，反应时间为 5min，得到葡萄糖的最大产率是理论值的 92%，木糖最大产率是理论值的 66%。在同样的条件下，将温度调节到 190℃，反应时间同样为 5min，得到的木糖最大产率为 84%，葡萄糖最大产率为 90%。

　　与玉米秸秆等草类和阔叶木原料在采用蒸汽对其进行预处理过程中使用酸作为催化剂相比较，采用蒸汽对针叶木进行预处理过程中使用酸作为催化剂更加重要，那是因为通常情况下针叶木很难发生降解反应。将温度调节到 148~248℃ 范围内，反应时间为 0.5~18min、作为催化剂的 SO_2 浓度按照质量分数计算为 0.5%~12%，采用蒸汽预处理辐射松（*pinus radiate*），预处理后固体残渣经洗涤后，在 2%、20FPU/g 干物料的条件下进行酶水解，发现在 SO_2 浓度低于 3% 时，随着 SO_2 浓度增加，糖的产率也逐步增加。不管 SO_2 浓度是多少，最佳的预处理温度都是相同的，为 215℃；最佳的预处理时间也是相同的，为 3min。采用蒸汽对针叶木进行预处理以及酶水解后，最大糖产率相当于理论产率的 80%~84%。将预处理强度增加可以提高酶水解程度，但会使固体物料中碳水化合物的含量有所降低。

　　运用蒸汽对用 H_2SO_4 浸透的云杉木片进行预处理的条件为：按照质量分数来算 H_2SO_4 浓度为 0.5%~4.4%，将温度调节到 180~240℃ 范围内，反应时间为 1~20min，对预处理后的物料进行洗涤，然后在纤维素酶用量 15FPU/g、β - 葡萄糖苷酶用量 22IU/g（对固体物料）、浓度 2% 条件下对洗涤后的物料进行酶水解。通过计算己糖产率，可知对甘露糖而言，最佳的预处理联合强度（2.3~2.7）比葡萄糖的（2.9~3.4）要低。预处理强度增加，糖的降解也增加。对实验进行对比，发现当预处理强度大于3.4，在酵母浓度为9g/L条件下，直接采用预处理后的液体不可发酵。在按照质量分数来算 H_2SO_4 浓度为 0.5%、将温度调节到 225℃ 范围内、反应时间为 5min 条件下对云杉木片进行预处理，可以得到最高的可发酵糖产率，为 70%（35g/100g 干物质）。

在运用蒸汽对原料进行预处理的过程中添加催化剂不是改善水解效果就是改善酶解效果，这是一种最接近于商业化的预处理方法，已经在中试规模的生产设备上进行了广泛试验。例如，在美国国家可再生能源实验室（NREL）的中试车间使用了该预处理技术用来生产乙醇，在瑞典的 SEK-AB 中试车间也使用了该预处理技术用来生产乙醇，在加拿大渥太华也使用了该预处理技术用来生产乙醇。

4.2.4　两段蒸汽预处理

在前文已经提到，在同一反应强度下，在获得最大的甘露糖产率的同时，也要获得最大的葡萄糖产率，这对针叶木原料来说很难办到。由于获得最大的甘露糖产率时的预处理强度，与获得最大的葡萄糖产率时的预处理强度是不一样的，前者低于后者。这就要求采用两段蒸汽预处理，也就是首先在低强度下将半纤维素发生水解反应生成半纤维素糖，然后为了使纤维素获得最佳的酶消化性能，需要在高强度下进一步对残留的固体残渣进行预处理。

在对云杉进行的两段蒸汽预处理研究中，在两步蒸汽预处理时分别采用 SO_2 或 H_2SO_4 浸透原料，发现都可以获得最高的糖产率。在一个较宽的预处理条件范围内，糖的产率是相似的，大约是 50g 糖/100g 原料。在预处理条件：第一段蒸汽预处理的温度为 190℃、反应时间为 2min；第二段蒸汽预处理的温度为 210℃、反应时间为 5min 时，得到的糖的产率是最高的，为 51.7g/100g，相当于理论值的 80%。

两段蒸汽预处理法与一步蒸汽预处理法相比，可以获得较高的乙醇产率，可以使同步糖化发酵（SSF）时酶的用量减少，水的用量也减少，但是需要更多的资金投入以及更高的能量消耗，这是两段蒸汽预处理法的主要不足。除此之外，在中试规模的水平上还需要进一步对其进行验证。

4.2.5　蒸汽爆碎法现存的问题

蒸汽爆碎法处理与机械预处理方法相比，蒸汽爆碎法处理可节约很多能量，大约为 70%，既可以进行间歇式操作，也可以进行连续式操作，还不需要支付环保或回收的费用，因此被认为既是成本低的预处理技术，也是比较有效的预处理技术，还是没有污染的预处理技术。但是，经过蒸汽爆碎处理后纤维素的结晶指数可能会提高；经过预处理过程中会对一些五碳糖以及木素的结构有所损坏，从而产生一些对后续发酵和酶水解工艺有抑制作用的降解产物等，这是蒸汽爆碎法处理法的不足之处。因此，为了将这些有抑制作用的副产品除去，在发酵前要对汽爆后的物料进行水洗。然而，在水洗的过程中会对一些水溶性糖的结构有损害，使总糖得率降低。与未经过蒸汽处理的木素以及分离的木素相比，由于蒸汽预处理过程中木素会发生缩合作用和沉积现象，使得其对纤维素酶有着较高的非特异性吸附，降低物料的酶消化性。高压短时间处理工艺对设备的要求非常高，设备的投资费用高。简单的分批处理在大规模应用时，难以均匀地达到上述要求。加拿大已经设计出了这样的中试设备：用螺旋挤压的方式将原料推进、高压蒸汽瞬时处理使蒸汽爆碎处理连续进行。但是，这个设备结构非常复杂，导致设备的投资也大，将这个设备运转的成本也会比较高。因此，就现在看来，要想在大规模工业化生产中运用该技术，还需要做很多的工作。

4.3　物理化学综合法预处理木质纤维素

本节论述的是物理化学综合法预处理木质纤维素，处理木质纤维素的物理化学综合的方法有很多，在此将湿氧化处理技术作为物理化学综合法的代表，着重介绍用物理化学综合法预处理木质纤维素的技术。

所谓的湿氧化（wet-oxidation，WO）技术，指的是用水和空气（或氧气）在温度超过 120℃ 的条件下对生物质进行处理的工艺过程，有时还需要加入碱作为催化剂。湿氧化技术在 20 世纪 50 年代就已经获得商业化应用。当时是采用该技术来处理制浆废液回收系统中回收的木素生产香草醛，以及处理日益增加的城市固体废弃物。最初关于湿氧化技术的大多数研究工作都是在美国加州大学伯克利分校完成的。研究表明，湿氧化过程中第一阶段的反应，就是将酸性半纤维素组分——木聚糖溶解、木质纤维素上乙酰基团发生脱酯反应，以及发生氧化反应等方法生成各种酸类。生成的酸越多，酸浓度不断增加，反应体系 pH 值也不断下降，水解反应开始逐渐占优势。随着半纤维素中糖苷键的水解，越来越多的半纤维素被降解成低分子量组分并被水溶解。上述反应不仅对生物质中的半纤维素组分产生影响，对纤维素和木素组分也会产生影响。对纤维素的一个重要影响是湿氧化后纤维素的酸水解速率大大增加，也就是纤维素的可及性增加。在关于湿氧化很早时候的研究工作中，湿氧化主要在氧气压力比较低，如氧气压力小于 50psi 的条件下进行的，在之后的研究中发现，在低温条件下和高温条件下都可以运用湿氧化技术，在氧压比较高的条件下，添加金属盐催化剂如 $Fe_2(SO_4)_3$，对氧化反应的进行有明显的促进作用。尤其是在低温条件下，添加金属盐催化剂如 $Fe_2(SO_4)_3$，可以大大缩短氧化反应的时间。那是因为添加 $Fe_2(SO_4)_3$ 之后，体系中就会有更多的酸性物质生成，但是关于起到催化作用的原理还不是很清楚，需要进一步的研究。

"玉米秸秆湿氧化预处理生产乙醇研究"是由吉林省轻工业设计研究院和吉林沱牌农产品开发有限公司联合开展的，在该实验中，对玉米秸秆进行湿氧化预处理后，纤维素得率很高，为 78.2%~83.6%，酶水解后酶解率也很高，达到 86.4%，糖转化为乙醇的得率只有 48.2%，在只利用六碳糖的情况下，7.88t 玉米秸秆可以生产 1t 的乙醇。同时，吉林省轻工业设计研究院和吉林沱牌农产品开发有限公司还与丹麦瑞速国家实验室合作，开发了新的玉米秸秆湿氧化预处理技术，使得按实验室指标测算的玉米秸秆乙醇与玉米乙醇成本相当［食品与发酵工业，2005，31（5）：77］。但是，关于湿氧化的具体工艺流程，还没有公开的资料进行记载。

2008 年，刘娇和一些著名的学者，在环形高压容器中运用湿氧化法对玉米秸秆进行预处理，该实验的条件为：玉米秸秆与水的比例为 3∶50，并加入质量分数为 30%~40%Na_2CO_3，再通入 O_2，将反应体系的温度调节到 190~200℃范围内，反应时间为 8~16min。通过对剩余的固体物料的化学组成进行分析，发现玉米秸秆在用湿氧化对其进行预处理之前，其纤维素含量为 37.4%，半纤维素含量为 33.1%，木素含量为 15.5%；玉米秸秆在用湿氧化对其进行预处理之后，其纤维素含量为 39.8%，半纤维素含量为 12.4%，木素含量为 10.8%。其中，纤维素含量升高了 2.4%，半纤维素含量降低了 10.7%，木素含量降低了 4.7%。预处理后的原料再经过纤维素酶水解，获得了较多的可发酵性糖。Varga 和一些著名的学者在 2003 年也做了关于湿氧化法的实验，运用湿氧化法对玉米秸秆进行预处理的实验条件为：干物质浓度为 6%、Na_2CO_3 的浓度为 2g/L、O_2 的压力为 1200kPa、温度为 195℃，反应时间为 15min，预处理后秸秆回收率为 85.1%。在温度为 50℃，酶用量为 25FPU/g 干重的条件下，用湿氧化法对玉米秸秆进行预处理后，酶解的转化率为 83.4%，葡萄糖总产率为 74%。将酶用量降为 5FPU/g，葡萄糖产率降到 63.4%。半纤维素糖的总得率约为 54%，说明半纤维素的降解率很高。在后来的关于运用湿氧化法对玉米秸秆进行预处理的研究中（Varga，et al，2004b），将预处理液除去，并对浆料进行浓缩，再加入少量的液体直到干物质浓度按质量分数计算为 15%，进行分批补料 SSF（使用酵母和用量为 30FPU/g 绝干预处理秸秆的酶，在温度为 30℃ 条件下，预处理时间为 120h），把预处理原料中的葡萄糖含量作为标准来计算，SSF 的最大产率相当于理论值的 83%。考虑到预处理时纤维素的回收率为 86%，原料的总乙醇产率相当于理论值的 71%（把原料中葡萄糖含量作为标准计算的）。在 SSF 中将酶用量降低到 15FPU/g 干预处理玉米秸秆，乙醇产率减少到理论值的 63%。

用湿氧化技术对蔗渣进行预处理后（Martín C，et al，2007），蔗渣中纤维素的含量相对增加了，那是因为半纤维素和木素溶解了。将温度调节到 195℃，加入碱性物质，用湿氧化技术对蔗渣处理 15min，之后发现纤维素含量达到最高值，约等于 70%，并且 93%~94% 的半纤维素被溶解出来，40%~50% 的木素被溶解出来，纤维素转化率达到 74.9%；但是将温度调节到 185℃，加入碱性物质，用湿氧化技术对蔗渣处理 5min，发现只有 30% 的半纤维素和 20% 的木素被溶出。将温度调节到 195℃，加入酸性物质，用湿氧化技术对蔗渣处理 15min，生成羧酸、酚类化合物和糠醛的量达到极大值。但是将温度调节到 195℃，加入碱性物质，用湿氧化技术对蔗渣处理 15min，生成羧酸、酚类化合物的量达到极大值，生成糠醛的量不是极大值。

将温度调节到 185℃、O_2 压力为 1200kPa、3.39/6（质量分数，对原料重）Na_2CO_3，物料浓度为 22%（干物质）的条件下，对含有高木素的木材废弃物进行预处理，预处理后物料在纤维素酶用量 25FPU/g 干物质情况下进行酶解，废弃物中 58%~67% 的纤维素发生反应生成了单糖，80%~83% 的半纤维素也生成了单糖。在 10% 底物浓度、纤维素酶用量 25FPU/g 干物质条件下进行 SSF，纤维素转化率为 79%，在酶用量为 15FPU/g 时，纤维素转化率仍达到 69%。在对含有高木素的木材废弃物进行预处理的过程中，91%~100% 的纤维素被回收，72%~100% 的半纤维素被回收，原料中超过 49% 的木素被溶出，主要转化为羧酸。79% 的半纤维素被溶出，也主要转化为羧酸。

到目前为止，可以用湿氧化技术对木材原料，如黑橡木和火炬松，进行预处理，湿氧化技术也可以对玉米秸秆、蓿和黑麦草的混合物进行预处理，还可以对甘蔗渣、稻壳、麦草、苜木薯茎、花生壳等其他生物质原料进行预处理（Martín，et al，2007）。使用的是比较便宜的化学品（水和氧气），也可以把生物质分离成含半纤维素、一些木素的液体组分以及主要含纤维素的固体组分，适用的原料种类广泛，可改善纤维素的酶可及性等，这是湿氧化技术的主要优点（McGinnis，et al，1983）。在用湿氧化技术对上述物质进行预处理的过程中，加入一定量的碱，可以使生成有毒物质糠醛和酚醛的量减少。湿氧化法预处理对木素含量低的原料比较合适，因为发现预处理得率随木素含量的增加而降低。用湿氧化对其进行预处理的过程中，木素发生氧化反应并被溶出，与许多其他的脱木素方法一样，被脱除的木素不可以再作为固体燃料使用了，但是可以加工成高值产品，这在大规模生产中使得来自副产品的收入大大减少，这对维持整个工艺过程的能量平衡非常不利，并且还会使废水处理难度系数增加。

在处理过程中能够将原料中的木素脱出来的方法，除了湿氧化法处理技术之外，还有其他一些预处理技术，都可以将木质纤维素材料的酶解性能提高。

4.4　生物法预处理木质纤维素

所谓的生物预处理，是指主要利用自然界中存在的参与木素降解的微生物，如放线菌和真菌以及细菌，尤其是担子菌中的白腐菌类，利用其分泌的胞外木素降解氧化酶类［如锰过氧化物酶（MnP）、纤维二糖脱氢酶、木素过氧化物酶（LiP）、漆酶（Laccase）、醌氧化还原酶等］，对植物纤维原料中的木素选择性地降解，从而可以将木质纤维素原料的酶解性能提高。到目前为止，不管是国内还是国外关于植物纤维原料生物降解方面的记载都有很多，木材可以作为其原料，非木材也可以作为其原料。在高效降解木素的菌株选育、木质纤维素降解酶类的生产和性质研究、微生物处理降解脱除原料中木素的作用效果和作用机制等方面已经做了不少的研究工作并取得一定进展。然而，现在大部分的研究不是将其作为生产生物能源前的预处理，而是将其应用于制浆造纸工业中的生物制浆。

关于木质纤维素材料生物降解方面的研究，山东大学微生物技术国家重点实验室的研究人员研究过 30 多年，在选择性降解木素的优良菌株的筛选、木素降解酶类的生产和酶学性质、木素生物和酶法降解效果与降解机制研究及其在造纸等工业中的应用等方面有大量的工作积累。例如，自行筛选的同色镰刀菌（*Fusarium concolor*）X4 菌株具有：脱木素处理周期短和选择性强以及生长快等特点（Li，et al，2008）。利用该菌株对麦草处理 5d，木素脱除率达到 13.07%，而综纤维素（包括纤维素和半纤维素）脱除率只有 7.62%。在含有麦草碱木素的液体培养基中，接入 *Fusariumconcolor*X4 经液体发酵培养 2d，碱木素的量减少 46.53%。筛选的另一株真菌 4725 在固体培养时虽然也可以将麦草中的木素有效地去除，但在 14d 的处理周期内，随生物处理时间的增加，碳水化合物的损失几乎呈线性关系，也就是生物处理时间越长，碳水化合物的损失越多，这也就说明了脱木素的选择性比较差（图 4-4-1）。对其进行进一步的研究，经过分析，在 *Fusarium concolor* X4 培养过程中，该菌株可以大量分泌漆酶、纤维二糖脱氢酶等木素降解酶类，也可以大量分泌纤维素酶，分泌木聚糖酶的量比较少。对生物处理后麦草木素的分子量及其分布特征进行了分析，表明生物预处理后木素的重均分子量（Mw）降低，低分子量的木素组分含量增加，说明在生物预处理过程中木素被降解。

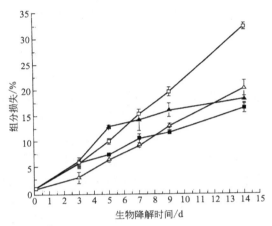

（a）固体培养，木素（X4：▲，4725：Na$_2$S），综纤维素（X4：■，4725：□Na$_2$S）

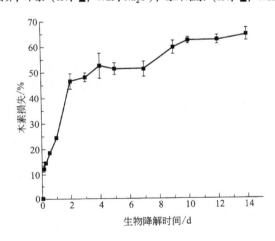

（b）液体培养菌株 X4

图 4-4-1　真菌 X4 和 4725 预处理麦草时木素和综纤维素的损失情况

生物处理具有这些优点：条件比较温和，也比较节约能源、产生的对环境有害的物质特别少甚至不产生等。然而，到目前为止，既具有专一性又具有有效降解木素的高效菌株却不太多，在用生物技术对其进行处理过程中一般都会有这些缺点：纤维素和半纤维素的降解，木素不能回收利用，预处理周期一般都要超过10天，生长条件的控制很严格，生产也需要大量的空间，难以满足工业化生产的要求。因此，到现在为止，关于工业化方面的预处理一般都不考虑生物法技术。随着生物技术的发展，采用基因工程等技术对白腐菌进行改良，筛选更高效的选择性降解生物质中的木素但不降解或极少量降解纤维素和半纤维素的优良菌株，将有助于拓展生物预处理的应用。此外，生物预处理可作为原料的第一步处理，然后再结合其他一些手段的预处理，以获得理想的效果。

除了上文说的脱木素技术以外，制浆造纸工业也采用很多制浆方法（如亚硫酸盐法、硫酸盐法、烧碱法等）和漂白时的脱木素技术（如氧脱木素等），都可以用作植物纤维原料的预处理，从而可以达到脱除生物质原料中木素的目的。但这些制浆工艺的原本目的主要是在脱除原料中木素的同时，尽可能地保证纸浆纤维或强度不被破坏，而不是为了增加纤维素的可及性。由于纸浆价格相对比较高，所以可以接受高投资和高运行费用的化学制浆，但是要想生产低值生物燃料就需要寻找更加便宜的预处理方法。尽管存在许多明显的缺点，但由于制浆过程能产生非常容易发生水解的底物，因此很多研究者仍希望通过改进制浆工艺来作为潜在的预处理方法。例如，在硫酸盐法制浆的过程中，在高压的条件下，采用 NaOH 和 Na_2S 溶液对木片进行蒸煮，然后将压力释放，从而使得纤维发生分离，在这个过程中，木素被化学溶出，同时由于纤维分离降低了原料粒子的平均尺寸，使得生产的纸浆更加容易被酶水解。尤其是对那些很难处理的针叶木原料来说，要想改善其生物质预处理的效果，可以采用两种或两种以上预处理法联合进行，从而可以获得满意的结果。例如，为了改善花旗松原料的生物质预处理的效果，首先运用蒸汽对其进行预处理，然后再进行氧碱处理的方式处理；还可以先采用稀酸法将原料中的半纤维素组分除去，然后再采用碱法将物料中的木素组分去除。

4.5 有机溶剂法预处理木质素纤维

在关于用有机溶剂对木质纤维素进行预处理的研究中，最多的是使用有机醇类对木质纤维素进行预处理。因此，把有机醇类作为代表，来介绍有机溶剂法处理木质纤维素。

　　这里说的有机醇，是低沸点醇和高沸点醇。其中，低沸点醇指的是甲醇和乙醇，高沸点醇指的是乙二醇和丙三醇等。因为甲醇和乙醇的价格相对来说比较便宜并且容易回收，同时用甲醇和乙醇对木质纤维素进行处理后，经过简单的分离就可以得到木质素和半纤维素等高附加值产品了，所以研究中最受关注的还是甲醇和乙醇。一般来讲，对于甲醇和乙醇预处理，添加无机酸或碱可使预处理温度降低到 180℃ 以下，但如果预处理温度提高到 185~210℃，可以不用加入催化剂，因为此温度下产生的有机酸可以催化木质素的溶解。而对于高沸点醇如乙二醇、丙三醇（俗称甘油）等来说，要想得到较好的预处理效果。在用高沸点醇对木质纤维素进行预处理的过程中，要将整个体系的温度调节到 200~240℃，并且可以在常压下进行预处理。

4.5.1　有机醇类预处理对纤维素酶解性能的影响

1. 低沸点醇预处理

　　Shimizu 和一些著名的研究者早在 1978 年，就采用了质量分数为 60%~80% 的甲醇-水溶液，将整个体系的温度调节到 170℃，并在质量分数为 0.2% 的盐酸的催化作用下，对松木进行预处理 45min，充分反应后，发现的木质素脱除率大约为 75%。而对于榉木来说，采用质量分数为 50% 的甲醇水溶液，将整个体系的温度调节到 160℃，并在质量分数为 0.1% 的盐酸的催化作用下，对榉木进行预处理 45min，充分反应后，发现的木质素脱除率大约为 90%。预处理后的固体酶解率随着木质素脱除率的增加而增加。他们发现，采用甲醇-水溶液预处理时，要完全酶解预处理固体（主要成分为纤维素），对于松木和榉木需要分别达到大于 70% 和 80% 的木质素脱除率。另外，对使用甲醇脱除木质素的体系来说，除了上述的稀盐酸可以作为催化剂外，还可以使用无机酸（如硫酸、磷酸等）和无机盐（如氯化钙、硝酸钙、氯化镁、硝酸镁等），同样可以加快反应的进行。白杨木经过甲醇水溶液预处理后，其酶解性能增加很多，酶解后可得到可发酵糖，大约为木重的 36%~41%。

　　与甲醇的预处理相比，研究者更加重视乙醇的预处理，原因有很多，乙醇的毒性比甲醇低得多就是其中一个重要原因。早在 19 世纪末，学者们采用乙醇对研究木材的各组分进行分离。自 20 世纪 40 年代以来，乙醇制浆技术得到了很快发展，先后出现了自催化乙醇法，酸、碱或盐催化乙醇法和乙醇/氧气法等多种制浆方法，但是直到1984年，关于采用乙醇溶液预处理木质纤维原料提高其纤维素酶解性能的研究才公布于众，其研究结果发现，采用乙醇对白杨木预处理之后，其酶解性能确实增强了。采用乙醇对木质纤维素进行预处理的体系中，常用的催化剂为硫酸、磷酸、盐酸、硝酸等无机矿物酸，另外还可以用 $AlCl_3$ 等 Lewis 酸和酸化活性炭等固体酸作为催化剂。

Pan 和一些著名的研究者在采用乙醇-水溶液对松木、云杉木和花旗松木三者的混合软木进行预处理的基础上开发了生物炼制工艺（简称为 Lignol 工艺）。生物炼制工艺不仅可以得到很容易酶解的纤维素固体，同时还可以得到很多其他的产品，如糠醛、乙酸、五碳糖和乙醇木质素等。当预处理后的纤维素固体残余木质素含量低于18.4%时，采用20FPU/g纤维素的酶用量水解48h可以将90%以上的纤维素转化为葡萄糖；而当残余木质素含量较高（27.4%）时，在相同酶解时间内要得到大于90%的纤维素转化率，酶用量需提高至40FPU/g纤维素。此外，连续和同步糖化发酵实验均表明预处理后的固体没有对菌体生长有抑制的产物存在。用生物炼制工艺对杂交白杨木和海滩松木进行预处理，也可以将不同组分进行有效的分离。采用质量分数为60%的乙醇溶液对白杨木进行预处理，将反应体系调节到180℃，在质量分数为1.25%的硫酸催化剂的作用下，对白杨木处理60min，反应充分后，发现纤维素的回收率为88%，还可以得到木糖和乙醇木质素，其中木糖的产率为72%，乙醇木质素的产率为74%。采用20FPU/g纤维素的酶用量对预处理后的纤维素固体进行酶解，反应48h后可以得到纤维素，其转化率大约为85%。

Wildschut 和一些著名的研究者，在把稀 H_2SO_4 作为催化剂的条件下，用乙醇对麦秆进行预处理。在质量分数为3%的固体下对其进行酶解可以得到聚糖，其转化率最高可以达到89.4%，最终葡萄糖与纤维二糖的总质量浓度为22.1g/L。针对无机酸腐蚀性较强的缺点，Teramoto 和一些著名的研究者研究了无硫酸催化的乙醇预处理工艺（SFEC）。该工艺采用乙酸取代硫酸作为催化剂，从而降低了腐蚀性。经过 SFEC 预处理的桉木和甘蔗渣，采用9.5FPU/g固体的酶用量水解50h后可得到接近100%的糖化率。Huijgen 和一些著名的研究者，在质量分数为60%的乙醇、反应系统的温度为200℃、保持恒温60min、固液比1∶10（g/mL）的条件下对麦秆进行预处理，所得纤维素固体的酶解葡聚糖（酶解固体含量为3%）转化率为52%左右。此外，醇类预处理与其他预处理方法相结合也可以有效地提高原料的酶解性能。把汽爆和乙醇萃取相结合作为例子来说明，为了回收半纤维素，首先对木质纤维原料进行汽爆处理，同时木质素结构中的

α - 丙烯醚键和一些 β - 丙烯醚键在汽爆处理的过程中断裂，再用乙醇对其进行抽提木质素处理，得到的纤维素固体酶解率大于 90%，而且还可以得到其他的产品，如木质素和半纤维素。

有研究者将麦秆的硫酸催化和自催化乙醇预处理进行了较详细的比较。酸催化乙醇法处理的固体回收率为 42.1%，而自催化乙醇处理的固体回收率相对较高，为 50.5%。酸催化处理的试样葡聚糖含量与自催化乙醇处理葡聚糖含量要高一些，酸催化乙醇法处理的木质素含量比较低，特别是木聚糖含量更低，那是因为木聚糖发生水解，其水解率高于 90%。自催化乙醇预处理过程中木聚糖水解率为 61.2%。从木质素含量来看，H_2SO_4 催化的乙醇预处理后总木质素含量下降至 10.5%，相应的木质素脱除率为 81.8%；自催化乙醇预处理后总木质素含量为 13.5%，相应的木质素脱除率为 71.9%。添加无机酸有利于半纤维素和木质素之间以及木质素分子内的连接键断裂，形成更多的木质素碎片，因而可获得更高的木质素脱除率。两种乙醇预处理后麦秆的纤维素酶解性能分析表明，酶解 24h 后葡聚糖酶解转化率无明显增加。用乙醇对麦秆进行预处理，把稀硫酸作为催化剂，在固体含量为 10% 条件下的葡聚糖的最终转化率大约为 70%，葡萄糖的质量浓度为 55g/L；在固体含量为 15% 条件下的葡聚糖的最终转化率大约也为 70%，而葡萄糖的质量浓度为 78g/L。而自催化乙醇预处理的麦秆葡聚糖转化率最高可达 80%，相应的葡萄糖质量浓度分别为 50.2g/L 和 79.2g/L。添加表面活性剂吐温 20 和吐温 80 对于两种乙醇预处理后固体的酶解性能具有不同的影响。对于 H_2SO_4 催化乙醇预处理的固体，添加表面活性剂不但不能促进纤维素的酶解，反而在一定程度上抑制了酶解过程。特别是在 10% 固体含量的条件下，这种抑制作用更为明显。而对于自催化乙醇预处理，吐温 20 和吐温 80 对于纤维素的酶解具有明显的促进作用。这是由于 H_2SO_4 催化预处理过程中酸浓度较高，更容易发生木质素的缩聚反应，会降低木质素分子中酚羟基的含量。而酚羟基是木质素无效吸附纤维素酶的主要官能团之一。用乙醇对麦秆进行预处理，在 H_2SO_4 作为催化剂的条件下进行同步糖化发酵（SSF）时，乙醇的质量浓度最高为 25g/L，相当于 62.2% 的理论得率，而自催化乙醇处理麦秆 SSF 中乙醇的质量浓度最高为 20.1g/L，相当于 57.2% 的理论得率。而添加 5g/L 表面活性剂对自催化乙醇处理麦秆 SSF 生产乙醇具有较好的促进作用，乙醇质量浓度最高提高至 22.4g/L，相当于 65.4% 的理论得率，比没有添加 5g/L 表面活性剂时提高了 11.4%。

用低沸点醇对木质纤维素进行预处理，虽然很容易回收溶剂，但预处理的条件需要满足 3~5MPa 的高压，所以对设备提出了较高的要求，具有较强的抗压能力。由于醇类的易燃性，因而要求反应器具有良好的密封性能。此外，为有效脱除木质素，预处理一般在180℃以上的高温下进行，自催化乙醇处理所需的温度更是在200℃以上，而此温度下戊糖会发生显著降解，一方面造成可发酵糖损失，另一方面会生成糠醛等菌体生长抑制物。另外，由于木质素在甲醇中的溶解度很低，在乙醇中的溶解度也很低，所以在对木质素进行预处理的过程中，溶解木质素很容易在纤维素表面重新形成沉淀物。因此，用乙醇或甲醇经过预处理后的纤维素固体上往往还含有木质素，并且含量也比较高。

2. 高沸点醇预处理

用高沸点醇对木质纤维素进行预处理，这里说的高沸点醇主要是指多元醇。乙二醇和丙三醇（甘油）是最常用的多元醇。采用丙三醇-水溶液对椿木和云杉木进行预处理，在中性或碱性条件下，得到的木质素脱除率都很高，并且温度越高，木质素脱除率越大，纤维素溶解率也随着温度的不断升高而增加。采用质量分数为95%的丙三醇-水溶液对麦草进行预处理，将反应体系调节到240℃，对其处理4h，充分反应后，就可以得到纤维素固体了，其回收率为95%，木质素脱除率超过70%，半纤维素脱溶率超过90%。预处理后的固体纤维素含量为80%，木质素含量10%。该残渣采用纤维素酶水解24h，可得到90%的理论糖得率。甘油预处理与蒸汽爆破预处理相比，二者均可有效提高原料的酶解性能，但甘油预处理不仅可去除大量的半纤维素而且可脱除大量的木质素。与商品级甘油（95%含量）预处理相比，采用油脂工业中得到的副产品粗甘油（70%含量）预处理麦草可以降低预处理成本，但预处理后固体的酶解效率降低。另外，采用质量分数比较小的甘油对木质纤维素进行预处理时，最好先把其中的亲油性化合物除去，否则这些化合物在纤维表面就会形成树脂类沉淀，从而使木质素脱除率降低。用乙二醇对木质纤维素进行预处理时，用 H_2SO_4 作为催化剂也可以将纤维素的酶解性能有效提高。Lee和一些著名的研究者，采用乙二醇对废纸进行预处理，将反应体系调节到150℃，在质量分数为2%的硫酸催化的作用下，对其处理15min，反应充分后，发现木质素的脱除率为75%，半纤维素的脱除率为60%，而纤维素的脱除率为0。预处理后的废纸酶解转化率达94%。乙二醇可以至少回收4次，而预处理效果无显著降低。研究者对硫酸催化乙二醇处理甘蔗渣的液化行为进行了系统研究，发现半纤维素和木质素容易脱除和液化，而纤维素较难脱除和液化。甘蔗渣液化产物的丙酮溶物主要含有大分子量的木质素降解产物，热值较高（高热值 HHV 可达 21.36MJ/kg），而残渣液化初期主要为未液化的纤维素，后期主要为木质素和半纤维素再聚合残渣；液化产物的水溶物含有降解产物，如有机酸类、酚类、糖类、醛类、酮类等，主要包括来自纤维素的乙二醇葡糖苷、乙酰丙酸、葡萄糖、甲酸和乙酰丙酸酯类，还有来自半纤维素的乙二醇木糖苷和 2，3，6，7-四氢-［1，4］二氧杂己烷基-5-环戊烯酮等。其中，乙二醇葡糖苷最高得率为 13.96%，乙酰丙酸最高得率为 12.55%，葡萄糖最高得率为 7.62%，甲酸最高得率为 9.23%，乙酰丙酸酯类最高得率为 6.44%，乙二醇木糖苷最高得率为 9.82%，2，3，6，7-四氢-［1，4］二氧杂己烷基-5-环戊烯酮最高得率为 3.97%。但用乙二醇处理的过程中由于产生了二甘醇，乙二醇和硫酸发生了成酯反应，使得乙二醇的量减少了，减少率最高为 30.91%，硫酸的量也减少了，减少量最高为 50.17%。

在常压下，虽然可以用高沸点醇对木质纤维素进行预处理，但是因为丙三醇有着比较高的沸点，所以需要在较高温度或低压下对溶剂进行回收。而高温条件下对溶剂进行回收时，溶解的木质素很容易发生缩聚反应，造成活性官能团。例如，由于酚羟基的含量减少，并且纤维素、木质素与溶剂的反应变得非常剧烈，所以溶剂就会大大减少。

4.5.2　有机醇类预处理机理

1. 细胞壁结构变化及化学反应机理

采用有机醇类对木质纤维原料进行预处理的过程中，可以将一些木质素和半纤维素脱除，尤其是把酸作为催化剂的条件下的预处理过程中，可以溶解 80% 左右的半纤维素。由于将体系温度调节高于 160℃ 的条件下，采用稀酸对木质纤维原料进行预处理的过程中，原料酶解性能可以得到显著提高，这个结论已被证明，因此，酸催化有机醇预处理木质纤维原料提高纤维素酶的可及性主要是通过破坏木质素与聚糖之间的连接，脱除木质素和半纤维素的共同作用实现的。由于木质素和半纤维素的脱除，原料孔隙率增加，因而提高了与纤维素酶的可接触面积（图 4-5-1）。采用乙醇-水溶液对木质纤维素进行预处理后，其固体结晶指数增加，主要是因为在预处理的过程中将木质素和半纤维素等脱除了一部分，形成了无定形聚合物，使得纤维素含量升高导致的。另外，在高温高压条件下，乙醇等小分子也可以渗透到木质纤维原料的内部，从而将纤维素的结晶结构破坏，但是经过研究发现；纤维的润胀度与乙醇浓度呈反比。也就是乙醇的浓度越大，纤维的润胀度越小；乙醇的浓度越小，纤维的润胀度越大。

（a）预处理前（1000×）

（b）预处理后（300×）

图 4-5-1　甘油预处理麦草前后的扫描电镜图

　　与木质素的脱除相比，半纤维素的脱除就容易得多，所以采用有机醇预处理对原料进行预处理，对其组分的作用机理的研究，主要就是研究其脱木质素机理。有机醇类脱木质素表观上是木质素化学键断裂形成木质素片段进而溶剂化的过程。木质素的解聚主要是由 α-芳基醚键和 β-芳基醚键的断裂导致的。在酸性环境下，α-芳基醚键比 β-芳基醚键更容易断裂，特别是在对位有酚羟基存在时，最容易发生 α-芳基醚键断裂。中性条件下该反应过程中首先生成醌型甲基化中间体，该中间体进一步发生溶剂化加成完成双 α-芳基醚键的断裂，双 α-芳基醚键的断裂如图 4-5-2（a）所示。而在酸性环境下，以 α-芳基醚键的断裂可通过苄基位置的 SN_2 亲核取代，其反应流程如图 4-5-2（b）所示，或形成共振稳定的苄基碳正离子中间体来实现，其反应流程如图 4-5-2（c）所示。

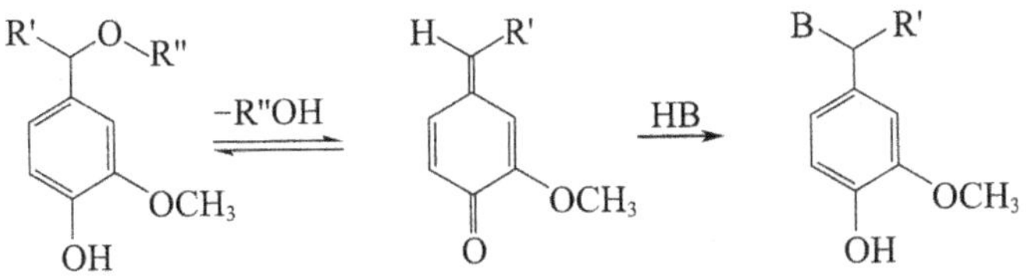

(a)通过生成醌型甲基化中间体；R=H或CH$_3$；B=OH，OCH$_3$等

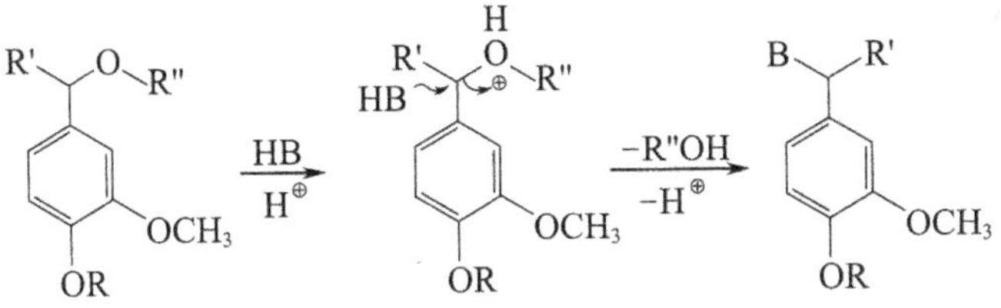

(b)通过亲核取代，R=H或CH$_3$；B=OH，OCH$_3$等

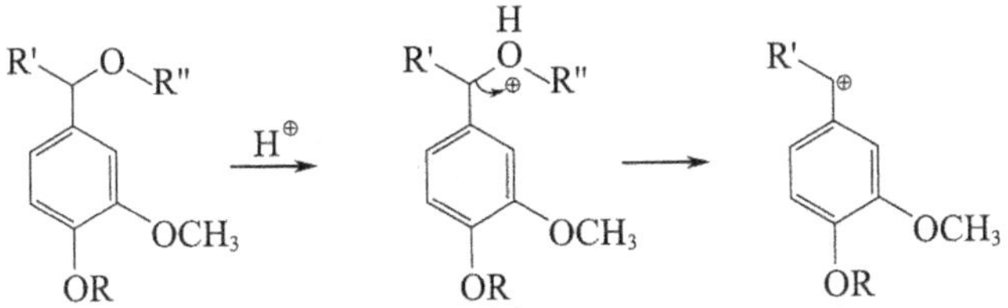

(c)

(c)通过形成苄基碳正离子中间体R=H或CH$_3$

图 4-5-2　中性或酸性环境下（α - 芳基醚键断裂反应机理）

β - 芳基醚键在 pH 值更小的条件下也会发生断裂，其反应流程如图 4-5-3 所示。在这个反应中，α 位置的羟基首先发生质子化，从而生成共振稳定的苄基碳正离子中间体或类似的过渡态稳定中间体，该中间体脱水生成水解烯醇醚。该醇醚中间体进一步脱去愈创木酚生成 β - 羟基松柏醇。β - 羟基松柏醇与其酮式结构 ω - 羟基愈创木基丙酮平衡共存。ω - 羟基愈创木基丙酮的侧链通过烯丙重排反应可生成平衡共存的多种烯二醇结构和希伯酮结构，其反应流程如图 4-5-4 所示。但事实上有机醇脱木质素黑液中 ω - 羟基愈创木基丙酮的浓度是很低的，表明 β - 芳基醚键的断裂可能不是通过该反应机理进行的。研究者们于是提出了另一种可能的反应机理，也就是通过脱除甲醛的反应历程，其反应流程如图 4-5-5 所示。β - 芳基醚键的断裂将使得木质素片段的酚羟基含量增加。而采用有机溶剂对原料进行预处理的过程中，发现分离的木质素中酚羟基含量变多了，也就可以说 β - 芳基醚键发生断裂反应了。

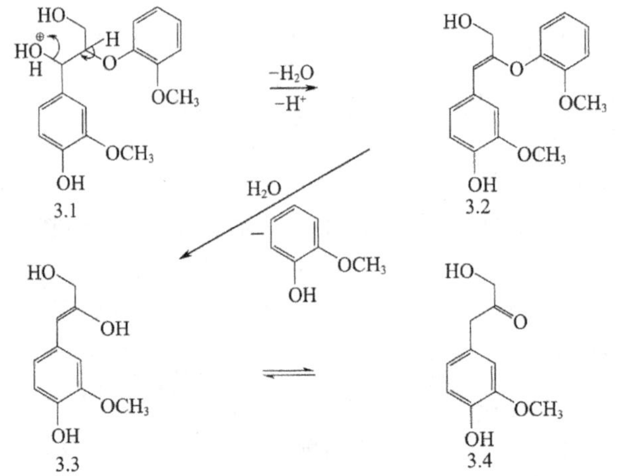

图 4-5-3　强酸性环境下 β – 芳基醚键断裂生成 ω – 羟基愈创木基丙酮

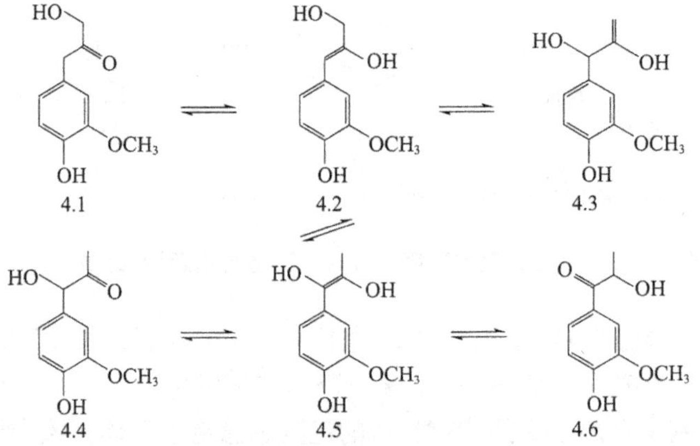

图 4-5-4　ω – 羟基愈创木基丙酮通过丙烯重排反应生成的
烯二醇和希伯酮结构

　　在 pH 值大于 7 的条件下，当存在对位酚羟基时，α – 芳基醚键发生断裂反应从而形成甲基醌型中间体，其反应流程如图 4-5-6 所示。因为对位羟基解离可以加速甲基醌型结构的形成。但对位无酚羟基时，该反应则难以发生。而 β – 芳基醚键不论苯环对位是否存在游离羟基的条件下均可发生。在这个反应过程中，在 pH 值大于 7 的条件下，α 位置上的羟基先发生解离，其进一步作为亲核试剂进攻取代邻位的醚氧基形成环氧结构，该中间体进一步开环形成二醇结构，其反应流程如图 4-5-7 所示。

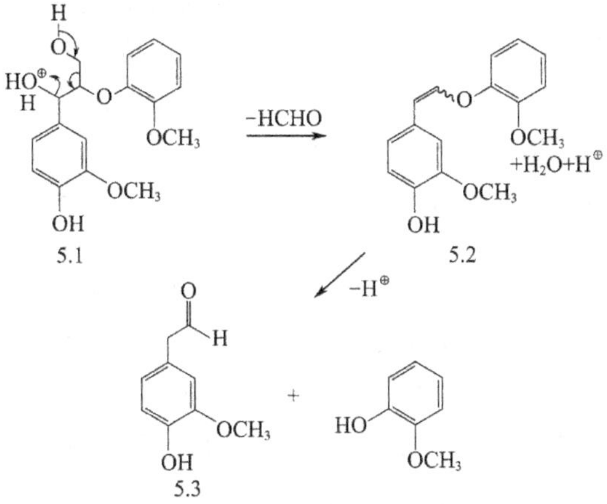

图 4-5-5　通过脱除甲醛的 β – 芳基醚键断裂反应机理

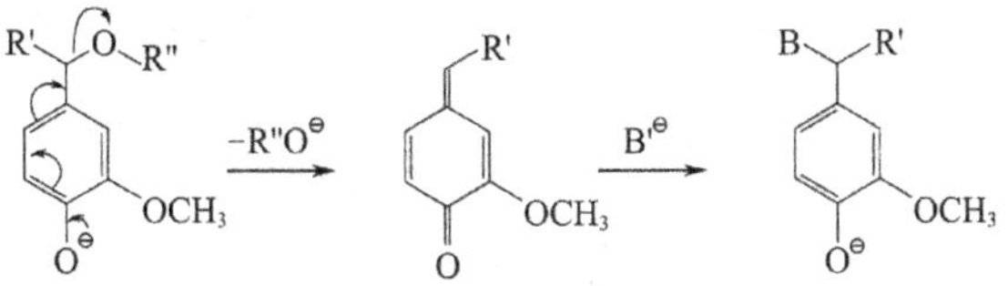

图 4-5-6　碱性环境下 α – 芳基醇醚键可通过形成甲基醌型中间体的断裂机理

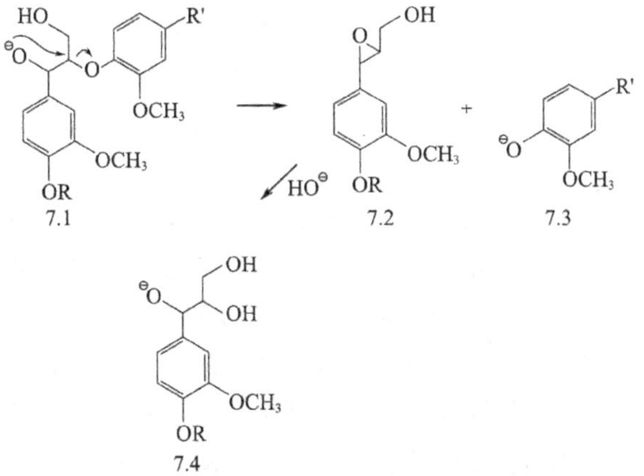

图 4-5-7　碱性环境下 β – 芳基醚键的断裂机理

2. 脱木质素动力学

研究者们采用甲醇或乙醇分别对芦苇、榉木、桉木、荻、甘蔗渣等木质纤维原料的脱木质素动力学进行研究，发现自催化乙醇脱木质素对木质素含量都是一级反应。对于木材原料来说，用乙醇对其进行脱木质素，可以分为三个阶段：初始脱木质素阶段、主体脱木质素阶段和残余脱木质素阶段，而对于甘蔗渣等禾草类木质纤维原料来说，用乙醇对其进行脱木质素，只有两个阶段：主体脱木质素阶段和残余脱木质素阶段，先后脱除的木质素依次为内腔壁、中间层和细胞角的木质素。Shatalov 和一些著名的研究者，对采用乙醇-碱预对脱芦竹进行预处理的过程中的脱木质素动力学进行了研究。他们把木质素聚合物简化为 $n(n=1, 2, \cdots, n-1, n)$ 个结构单元或者具有相似反应性的结构片段（木质素片段，即 L_1, L_2, $\cdots$, L_{n-1}, L_n）组成。脱木质素过程可以假设由 n 个具有类似产物的不可逆的一级反应组成（k 为比反应速率常数，且 $k_1 > k_2 > \cdots > k_{n-1} > k_n$），并且这个过程可以用多组分反应体系的"非常规"动力学来分析。因此，当具有较高"活性"的木质素脱除后，半对数动力学曲线 $\ln L = f(t)$（L 为反应时间为 t 时刻残余木质素的量）将表现为一条直线。而当存在两部分动力学特性的片段时，$\ln L = f(t)$ 函数就不是线性了。对动力学曲线进行逐次消元就可以判断出木质素联除动力学的不均匀性，还可以把不同的木质素片段和比反应速率常数精确地确定下来。用乙醇对芦竹进行预处理，在把碱作为催化剂的条件下，其脱木质素可以用初始脱木质素阶段、主体脱木质素阶段和残余脱木质素阶段这三个阶段来描述。关于在碱性催化剂的条件下用乙醇对芦竹进行预处理的过程中的脱木质素的动力学数据见表 4-5-1。从表中可以看出，在 130、140、150℃ 三种不同的温度下得到的结果基本上一样，也就是说在 130~150℃ 温度范围内，每种木质素的稳定性都比较高。脱木质素的速率常数和温度的关系可以从 Arrhenius 公式中得到：

$$\ln k = \ln A - E_a/(RT)$$

式中，A 为 Arrhenius 常数；R 为气体摩尔常数，为 8.1314J/（mol·K）；T 为绝对温度。因此，可得到不同阶段的速率常数表达式，见表 4-5-1。

Oliet 和一些著名的学者，对自催化乙醇处理的脱木质素动力学研究也发现，木质素的脱除也可以用初始脱木质素阶段、主体脱木质素阶段和残余脱木质素阶段这三个阶段来描述。其中，初始脱木质素阶段占总木质素量的 9%，反应活化能为 96.5kJ/mol；主体脱木质素阶段占总木质素量的 75%，反应活化能为 98.5kJ/mol；残余脱木质素阶段占总木质素量的 16%，反应活化能为 40.8kJ/mol。

表 4-5-1　芦竹在碱催化乙醇处理中脱木质素的动力学数据

项目	初级阶段		主体阶段		残余阶段	
	含量 $L_i/\%$	速率常数 k_i/min^{-1}	含量 $L_b/\%$	速率常数 k_b/min^{-1}	含量 $L_r/\%$	速率常数 k_r/min^{-1}
130℃	62.67	17.806×10^{-2}	21.43	2.710×10^{-2}	15.90	0.142×10^{-2}
140℃	60.29	21.5026×10^{-2}	23.10	4.533×10^{-2}	16.61	0.271×10^{-2}
150℃	60.55	45.2206×10^{-2}	22.76	9.806×10^{-2}	16.69	0.567×10^{-2}
平均含量	61.71		22.43		16.40	
活化能 $E_a/(\text{kJ/mol})$	64.58		89.10		96.04	
速率常数表达式	$\ln k_i = 17.445$ $-7.768(1/T)$		$\ln k_b = 22.926$ $-10.717(1/T)$		$\ln k_r = 20.072$ $-11.551(1/T)$	

4.6　木质纤维素预处理反应器

不用搅拌的干法稀酸预处理过程在保证预处理效果相当的条件下，还可以保证预处理过程中的用水量低和能耗低，不产生废水，预处理后固液不需要分离等，但是没有搅拌的干法稀酸预处理也面临着在高温下固体和蒸汽的混合问题。而在常规的低固液比的稀酸预处理过程中，高温蒸汽与固体秸秆的传热非常容易：首先高温蒸汽加热稀的酸液，然后热的酸液再加热浸泡在其中的固体秸秆颗粒。但是，在高的固液比的干法稀酸预处理过程中，高温蒸汽和干的固体秸秆颗粒的混合以及从热蒸汽到干秸秆的传热都变得非常困难。其主要原因有以下三个：

（1）作为传热介质的酸液缺少很多，干法稀酸预处理过程的加热直接发生在高温蒸汽与固体秸秆之间。而固体，尤其是密度较低的固体秸秆是一种非常好的绝缘体，导热性能非常差，这导致秸秆表面温度高而中心温度低，也就是"夹生"现象。

（2）由于干法稀酸预处理过程中，用的蒸汽的量比较少，并且时间也比较短，就不能够使整个秸秆体系的温度混合均匀。

（3）尽管木质纤维原料具有很强的吸水性，也具有很强的吸汽性，但是在一个静态预处理体系中，靠近进气口的原料一般情况下就把蒸汽吸收了，所以就很难对离蒸汽口比较远的物料进行加热。在小的预处理反应器中，这种现象表现得不太明显，但是在上规模的预处理反应器中，这种现象表现得非常明显，对预处理的效果有严重的影响，也对后续生物炼制产品的得率有严重的影响。

因此，通过搅拌操作，将高温蒸汽与固体秸秆颗粒之间的传热增加，就显得特别重要了。

4.6.1 搅拌在干法稀酸预处理中的作用

为了测试螺带桨对高固体含量玉米秸秆的混合效率的影响，研究者在带有螺带搅拌桨的 5、50L 和 500L 不同尺度反应器中（各反应器尺寸见表 4-6-1）进行了冷模实验。体系是干的玉米秸秆，加入等质量的水后开始搅拌，以秸秆的含水量为混合测试指标，结果见表 4-6-1。秸秆与等质量水的混合时间要多于 2min，少于 3min。这样的正面结果与之前的实验结果都能够说明，螺带型的搅拌桨可以将固体秸秆与蒸汽进行有效的混合，并且可能实现固体含量达 50% 甚至 70% 以上。

表 4-6-1　螺带搅拌桨反应器的冷模实验结果

反应器体积/L	直径/mm	固体含量（质量分数）/%	混合时间/s
5.0	170	50	180
50.0	384	50	168
500.0	786	50	120

图 4-6-1 是我们设计的一个带有螺带搅拌桨的预处理反应器，并且已经加工出来了。无搅拌的预处理反应器的直径为 180mm，高 400mm，体积约 10L；带有搅拌的预处理反应器的直径为 260mm，高 400mm，体积约 20L。带有搅拌的预处理反应器的体积是无搅拌的预处理反应器体积的 2 倍。带有搅拌的预处理反应器内安装有一组螺带型搅拌桨（包括螺带和刮底桨）。在反应器底部，有四个对称分布的蒸汽通入口。将体积为 10L 的静态预处理反应器中玉米秸秆的预处理效果与体积为 20L 带有螺带搅拌

的预处理反应器中玉米秸秆的预处理效果进行了对比，其结果见表 4-6-2。

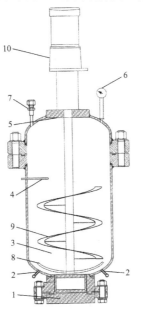

（a）20L 螺带搅拌式预处理反应器

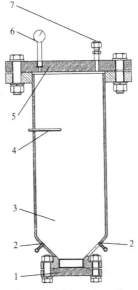

（b）10L 无搅拌预处理反应器

图 4-6-1　螺带搅拌式预处理反应器和无搅拌预处理反应器示意图

1—卸料口；2—蒸汽进口；3—反应器腔体；4—热电偶；5—反应器顶部法兰；
6—压力表；7—蒸汽出口；8—刮底桨；9—螺带桨；10—马达

表 4-6-2　带有搅拌和无搅拌干法稀酸预处理效果对比

预处理条件	纤维素转化率/%	预处理秸秆中的抑制物/（g/100gDM）			预处理秸秆中的糖/（g/100gDM）			
		糖醛	5-羟甲基糠醛	乙酸	葡萄糖	木糖	寡聚葡萄糖	寡聚糖
螺带搅拌型反应器 实例1：185℃，2.0%，3min	77.55	0.18	0.09	0.58	0.48	5.34	0.72	8.45
实例2：185℃，2.5%，3min	87.11	0.63	0.17	0.81	1.01	10.02	1.10	2.84
无搅拌反应器 实例3：190℃，2.0%，3min	72.10	0.50	0.25	0.77	0.88	5.58	2.27	7.55
实例4：190℃，2.5%，3min	85.10	0.90	0.21	1.20	1.58	8.02	1.57	4.29

注　1. 预处理条件一栏的三个数字分别表示的是预处理温度，预处理时硫酸用量和预处理时间。表中所有数据都是两次实验的平均值。

2. 酶解条件是：5.0%的固体含量（未经清洗脱毒的预处理物料），pH 值为 4.8 的柠檬酸缓冲液（100mmol/L），纤维素酶用量为 15.0FPU/g DM，50℃，150r/min 的水浴摇床中酶解 72h。

　　表 4-6-2 是对四种不同预处理条件下玉米秸秆的预处理效果进行了对比。其中，实例 1 和实例 2 是在带有螺带搅拌的预处理反应器中进行的，预处理的条件：温度都为 185℃，处理时间都为 3min，实例 1 硫酸用量为 2.0%，实例 2 硫酸用量为 2.5%。实例 3 和实例 4 是在无搅拌的预处理反应器中进行的，预处理条件：温度都为 190℃，处理时间都为 3min，实例 3 硫酸用量为 2.0%，实例 4 硫酸用量为 2.5%。由于两台预处理反应器的体积不同，而蒸汽发生器的供热不能满足 20L 预处理反应器达到 190℃。但是在这两种预处理反应器中进行的预处理实验还是能够说明搅拌在干法稀酸预处理中的重要作用。

　　对表 4-6-2 进行分析，可以知道，干法预处理过程中的搅拌在提高预处理效果和降低抑制物产生中起着重要的作用。在稀酸用量为 2.0%、预处理时间为 3min 的条件下，纤维素转化率从实例 3 的 72.10%提高到实例 1 的 77.55%，而在稀酸用量为 2.5%、预处理时间为 3min 的条件下，纤维素转化率从实例 4 的 85.10% 提高到实例 2 的 87.11%。一般来说，预处理时温度越高，预处理强度越强，纤维素转化率也越高，而在此实例中，降低预处理温度的同时强化搅拌却能够提高纤维素转化率，这也进一步证明了螺带式混合在干法稀酸预处理过程中的重要性。此外，还可以知道，尽管抑制物浓度随着预处理强度的增加而增加，但是与静态的预处理相比，带有搅拌的预处理能够大幅减少抑制物的产生。对比实例 1 和实例 3，主要抑制物，如糠醛从实例 3 的 0.50g/100gDM 降至实例 1 的 0.18g/100gDM；5-羟甲基糠醛从实例 3 的 0.25g/100gDM 降至实例 1 的 0.09g/100gDM；乙酸从实例 3 的 0.77/100gDM 降至实例 1 的 0.58g/100gDM。同样的，对比实例 2 和实例 4，主要抑制物，糠醛从实例 4 的 0.90g/100gDM 降至实例 2 的 0.63g/100gDM；5-羟甲基糠醛从实例 4 的 0.21g/100gDM 降至实例 2 的 0.17g/100gDM；乙酸从实例 4 的 1.20/100gDM 降至实例 2 的 0.81/100gDM。与抑制物的生成类似，在带有搅拌的预处理中，葡萄糖的浓度有所降低，寡聚糖的浓度也有所降低，而木糖的浓度基本上没有任何变化，寡聚糖的浓度基本上也没有任何变化。

4.6.2　干法稀酸预处理过程的计算流体力学模拟

高温蒸汽和固体秸秆颗粒之间的混合和传质在带有搅拌的干法稀酸预处理过程中将会更加均匀，预处理过程中不会出现温度场，这样可以避免接近蒸汽入口处的过热以及反应器顶部的温度过低。为了说明搅拌在干法稀酸预处理过程中所起到的作用，研究者建立了一个简化的计算流体力学（computational fluid dynamics，CFD）模型对固体秸秆和高温蒸汽的混合进行模拟，图 4-6-2 所示的是模拟结果。对图 4-6-2（a）进行分析，可以知道，在带有螺带搅拌的预处理反应器中，蒸汽持有率得到极大的提高。在较低的转速条件下（0.10r/min 和 30r/min），蒸汽聚集在靠近蒸汽入口的很小区域内，然后快速耗散掉。而当转速提高到 50r/min 时，蒸汽基本可以充满整个反应器，进而与固体秸秆颗粒充分接触。从图 4-6-2（b）可以看出，固体秸秆与蒸汽之间在较低的转速条件下混合并不充分；而随着搅拌转速的增加，反应器内的混合和传质快速强化，并形成了一个合理的流速分布体系。同时，结合图 4-6-2（a）、（b）可以看出，强化干法预处理过程中的混合和传质并不需要很高的转速，50r/min 已经是一个比较合适的转速。

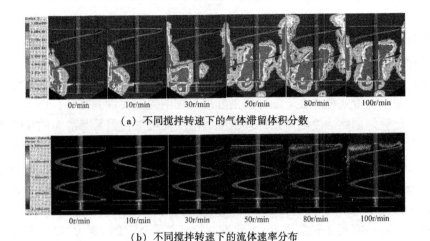

（a）不同搅拌转速下的气体滞留体积分数

（b）不同搅拌转速下的流体速率分布

**图 4-6-2　计算流体力学模型模拟螺带型搅拌预处理反应器中蒸汽滞留
与固体混合效果**

在此模型中，预处理后的秸秆固体物料被模型化为表观黏度为
2.31Pa·s 的高黏度流体；高温蒸汽被模型化为速率为 1.75m/s 的惰性
气体。

4.6.3　干法稀酸预处理条件的优化

为了使纤维素转化率更高，研究者对带有螺带搅拌的干法稀酸预处理
过程进行了条件优化，将预处理温度、硫酸用量和预处理时间以及搅拌转
速都进行了控制。其中，预处理温度可以为 165℃，也可以为 175℃，还
可以为 185℃；硫酸的质量分数可以为 1.5% 和 2.0% 也可以为 2.5% 和
3.0%，还可以为 3.5% 和 4.5%，预处理时间可以 1min，也可以为 3min 和
5min，还可为 10min；搅拌转速可以为 10r/min，也可以为 30r/min，还可
以为 50r/min。预处理后玉米秸秆中的木质纤维素来源的典型抑制物包括
糠醛、5-羟甲基糠醛和乙酸随着预处理强度的增加而增加；葡萄糖则表现
出增加的趋势，寡聚葡萄糖表现出降低的趋势；木糖和木寡糖的含量随着
预处理强度的增加先增加后降低，后来之所以降低是转化成抑制物了。上
述的结果说明，不能仅根据葡萄糖的得率来确定预处理的条件，而是应该
把半纤维素的回收率、纤维素的转化率和纤维素的回收率以及抑制物的生
成等综合起来考虑。

而预处理后的秸秆经过酶解后可以知道，随着预处理温度的升高，纤
维素的直接转化率不断升高；随着预处理酸用量的增加，纤维素的直接转

化率也不断增加；随着预处理时间的增加，纤维素的直接转化率也不断增加。这与传统的稀酸预处理的规律相符合。但是，当硫酸用量超过 3.0%，则纤维素直接转化率不再变化，纤维素直接转化率随着预处理时间的变化也表现出类似的规律。另一方面，纤维素总转化率也表现出类似的规律。纤维素直接转化率和总转化率都随着预处理搅拌转速的增加而逐步增加。在上述结果的基础上进行一个实验，装填率满载、反应体系的温度为 185℃、固液比为 2:1、质量分数为 2.5% 的稀硫酸用量、搅拌速度为 50r/min 的条件下，预处理时间为 3min，充分反应后，发现纤维素总转化率很高，为 83.09%。

第5章　纤维素的酶水解

第5章　纤维素的酶水解

所谓的纤维素的酶水解，指的是纤维素和水作用，分解的过程，而微生物分泌的纤维素酶在这个过程中起到催化的作用。

第一剂纤维素酶制剂是在1961年用木霉制作出来的，所以关于纤维素酶水解的研究历史不长，可以说比较短。与用酸将纤维素水解相比，纤维素用酶水解具有更多优点：①所有的设备比较简单，既不需要耐压强也不需要抗腐蚀还不需要耐高温（纤维素酶水解过程的温度为45~50℃）；②经过酶水解生产的产物——糖，不会进一步发生分解反应，并且酶水解不产生对发酵有害的副产物，从而简化了糖液净化工艺；③纤维素酶的生产原料与酶水解原料都是纤维原料，自然界中纤维原料资源比较多、价格也比较便宜等。因此，纤维素酶水解更受人们的青睐。

由于酶是由细胞产生的，并且生物体一切生化反应也都与其有关系，所有酶就被叫作生物催化剂。酶的主要成分就是蛋白质，所以就具有蛋白质的一些特性。与非生物催化剂相比，酶还具有下列特性：

（1）与无机催化剂的催化效率相比，酶催化反应的高效性酶的催化效率要高很多，一般要高10^5~10^{13}倍，也就是说大量的底物只需要很少的酶就能起到很好的催化效果。酶可以把反应所需的活化能降低，还能增加底物与酶分子间的碰撞频率，所以才使酶催化反应能高速有效地进行。

（2）酶催化作用的专一性酶催化反应时，对底物有严格的选择性，也就是说某一种酶只能催化某一种或某一类物质（底物）进行一定的化学反应，生成相应的产物。生物体内并不是只有一种或几种酶，而是含有很多种酶，它们的分工都不一样，对不同的生化反应起到催化作用，从而使复杂的代谢过程有规律地进行。

（3）酶催化条件的温和性酶是一种生物催化剂，主要成分是蛋白质，所以酶不能耐高温、高压及能引起蛋白质凝固、变性的各种环境条件。一般来说，酶的催化反应条件温和，也就是说在常温、常压，接近中性的环境下进行。

酶有很多种，对其进行分类，按照不同的分类方式有不同的分法，在此论述四种分类方法。

1. 根据酶存在的地方

根据酶存在的地方不同，可以把酶分类两类：一类是细胞内酶；另一类是细胞外酶。

所谓的细胞内酶，指的是由细胞产生后，不渗透到细胞外部，它们只能在细胞内某些特定的地方催化某种生化反应。例如，对这类的酶进行提取时，则需采取各种方法打破细胞就可以了。

所谓的细胞外酶，指的是可通过细胞膜分泌到细胞外部，并在细胞外起催化作用。细胞外酶几乎都是催化水解反应的酶类，如淀粉酶、脂肪酶、纤维素酶和蛋白酶等。对这类酶进行提取时，不需要把细胞打破，从发酵液中就可以得到。

2. 根据酶催化反应的类型

根据酶催化反应的类型可以把酶分为转移酶类、裂合酶类、连接酶类、氧化还原酶类、水解酶类和异构酶类六大类。这六类酶对相应的各类化学反应起到催化作用。纤维素酶也就归为水解酶类。

3. 根据酶的组成

根据酶的组成可以把酶分为两类：一类是单酶，也就是单成分酶；另一类是复合酶，也就是双成分酶。

所谓的单酶，指的是这类酶唯一的组分就是蛋白质，在催化水解反应过程中，起到催化作用的酶几乎都是单酶。

所谓的复合酶，指的是其组分不光有蛋白质（酶蛋白），还有非蛋白质部分（如辅酶或辅基）。在复合酶起催化作用的水解反应的过程中，其组成的两部分必须同时存在才具有催化活性，缺少任何一部分都使酶失去催化能力。

4. 根据酶产生的方式

根据酶产生的方式又可以把酶分为两类：一类是诱导酶；另一类是固有酶。

诱导酶只有经过诱导物的诱导才可以生成。例如，微生物所产生的纤维素酶就属于诱导酶。绿色木霉在含葡萄糖而不含纤维素的培养基上培养时，不产生纤维素酶，而在含纤维素的培养基上培养时，就能产生纤维素酶，可见纤维素就是绿色木霉产生纤维素酶的诱导物。一般情况下，诱导酶最有效的诱导物就是其底物。

固有酶，又叫作组成酶，是不需要经过诱导就可以产生的酶。固有酶和诱导酶的划分也并不是绝对的，也就是说同一种酶在不同的微生物中既有可能是诱导酶也有可能是固有酶。诱导酶经诱导物的诱导产生，但又常受到酶催化反应的最终产物或代谢产物的阻遏。例如，绿色木霉在含葡萄糖的培养基上不能产生纤维素酶，就是因为葡萄糖是纤维素酶催化反应的最终产物，也就是说酶受到最终产物的阻遏而没有合成。

在生产中，为了获得高产率的诱导酶，在培养基中必须添加所需酶的诱导物，从而利于酶的合成。

5.1　纤维素酶

纤维素酶不是指某一种酶，而是对一类纤维素水解酶的总称，它是由能分解纤维素的微生物在体内合成的。纤维素酶对纤维素的水解反应起到催化作用，从而将纤维素的苷键打开，得到最终产物——D-葡萄糖。

5.1.1　纤维素酶的组成成分

瑞斯和一些著名的学者，关于真菌对纤维素的作用方式及其分泌的纤维素酶进行了多年的研究，并提出了有名的 C_1-C_x 酶学说，也就是纤维素酶由 C_1 酶、C_x 酶和 β-葡萄糖苷酶（纤维二糖酶）组成。C_1 酶起到的主要作用就是破坏结晶纤维素，使其活化，C_x 酶则将经 C_1 活化的纤维素分解成纤维二糖，最后由 β-葡萄糖苷酶水解纤维二糖成葡萄糖。天然纤维素在 C_1 酶、C_x 酶和 β-葡萄糖苷酶这三种酶的共同作用下，最终被分解成葡萄糖，酶解顺序如图 5-1-1 所示。

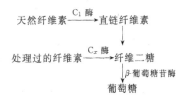

图 5-1-1　天然纤维素酶解顺序

随着人们对纤维素酶的不断深入研究，到目前为止，通过对纤维素酶的组成成分进行分离，发现纤维素酶至少有内切型葡聚糖酶、外切型葡聚糖酶和 β-葡萄糖苷酶这三种酶组成。

1. 内切型葡聚糖酶

内切型葡聚糖酶又叫作 β-1，4-葡聚糖水解酶，其系统命名编号为 EC3、2、1、4。内切型葡聚糖酶可对纤维素内部的结合键随机地作用，从而使不溶性甚至结晶纤维素解聚生成无定形纤维素和可溶性纤维素降解物。

2. 外切型葡聚糖酶

外切型葡聚糖酶又叫作β-1，4-葡聚糖纤维二糖水解酶，其系统命名编号为 EC3.2.1.91。外切型葡聚糖酶主要对上述酶的水解产物发挥作用。从纤维素聚合物的非还原性末端起，顺次切下纤维二糖或单个地依次切下葡萄糖。

3. β-葡萄糖苷酶

β-葡萄糖苷酶又叫作纤维二糖酶，其系统命名编号为 EC3.2.1.21。β-葡萄糖苷酶可以把纤维二糖水解成葡萄糖。对纤维三糖也有水解作用，对纤维四糖等短链纤维低聚糖也都有水解作用。葡萄糖的聚合度越大，其水解速度越小。最终生成的产物葡萄糖对β-葡萄糖苷酶的催化作用有抑制作用。

纤维素酶在几种酶共同作用下对天然纤维素的水解起到催化作用。只有当内切型葡聚糖酶和外切型葡聚糖酶同时存在时，才有较强的破坏结晶纤维素的能力。图 5-1-2 所示为纤维素酶水解模式。

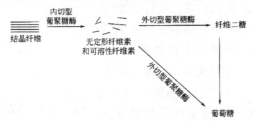

图 5-1-2　纤维素酶水解模式

尽管各国学者都已经对纤维素酶水解做了大量的研究工作，但是目前对其多糖苷键断裂的机理还不够清晰，所以就还需要对此做更深一步的研究。

5.1.2　纤维素酶水解工艺过程

图 5-1-3 所示为纤维素酶水解试验研究的基本工艺流程。由图 5-1-3 可知，纤维素酶水解的基本工艺流程主要为纤维素酶的制取 → 原料的前处理 → 酶水解 → 糖液利用等。

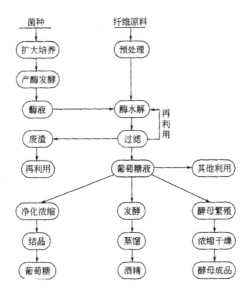

图 5-1-3　纤维素酶水解基本工艺过程

1. 纤维素酶的制取

自然界中有很多微生物都可以合成纤维素酶，由于真菌类菌种比较容易将其分离纯化，并且合成的纤维素酶也都是胞外酶，提取起来比较容易，所以有很多关于真菌的纤维素酶的研究。目前应用最多的是绿色木霉（*Trichoderma viride*）和康氏木霉（*Trichoderma koningii*）。为了提高菌种的产酶能力和酶的活性，各国学者都在人工育种方面做了大量研究工作。把瑞斯木霉（*T. reesei*）QM6a 作为亲株，经紫外线或亚硝基胍等诱变剂诱变的变异株 QM9414、MCG77 和 MG14、C-30 等是由美国陆军纳蒂克（Natick）研究所和拉特格斯（Rutgers）大学研制的，到目前为止，其纤维素酶活性是最高的。

纤维素酶的制取过程，就是菌种经过扩大培养，达到足够的菌种数量后就可以进行产酶发酵。扩大培养过程和产酶发酵过程所采用的培养液可按下述组成配制：浓度为 1g/L 的（NH_4）$_2HPO_4$，浓度为 0.1g/L 的尿素，浓度为 2mg/L 的 $CoCl_2$，浓度为 1.6mg/L 的 $MnSO_4 \cdot H_2O$，浓度为 15g/L 的木屑粉（水曲柳），浓度为 2g/L 的 KH_2PO_4，浓度为 2g/L 的蛋白胨，浓度为 0.3g/L 的 $MgSO_4 \cdot 7H_2O$，浓度为 5mg/L 的 $FeSO_4 \cdot 7H_2O$，浓度为 1.7mg/L 的 $ZnCl_2$，用乙酸将其调到 pH 值为 5.0~6.0 为止。

在扩大培养过程中，起着重要作用的因素有 pH 值、时间、温度和通风条件。

等到菌种扩大培养后就可以加入到培养液中，在酶发酵槽中进行产酶发酵。在产酶发酵过程中，起着重要作用的因素有 pH 值、时间、温度和通风条件。但由于菌种的繁殖和产酶发酵所需的条件一般是不同的，如绿色木霉生长的最适 pH 值为 5.5，而产酶时的最适 pH 值却变成了大约为 3.5，所以这个过程中所控制的条件，一定是产酶的最佳条件，从而可以得到较高的酶产率。

经过一些研究发现，培养基的组成成分对产酶的影响很多，对酶活性的影响也很大。中国科学院微生物研究所曾经把 11 个树种的木粉作为碳源对康氏木霉产酶的影响做过研究。发现楸、杨、黄波罗等可得到较高的纤维素酶活性，桦、水曲柳次之，而红松和雪松则不能产酶。还发现氮源对产酶也有影响，把蛋白胨作为氮源时，得到的纤维素酶活性是最高的，而不管是选择（NH_4）$_2SO_4$ 和 NH_4NO_3，还是 $NaNO_3$ 和 NH_4Cl，任何一种单独作为氮源时，得到的纤维素酶活性都比较低。

产酶发酵结束后，酶液就可以经过过滤得到（木霉的纤维素酶是胞外酶）。如果需要制取酶制剂则需要将其进一步净化提纯，如果用于纤维素酶水解，不用进一步净化提纯，可以直接用酶液。

纤维素酶的生产也可采用固体制曲法，与酒曲制作的方法非常相似。固体制曲法的优点是：设备非常简单、投资比较少、时间周期不长，并且酶活性一般也都比较高。但是也有不足的地方：设备的机械化、自动化程度低，占地面积比较大，劳动强度也比较大，但生产能力却比较小。

2. 纤维原料的前处理

由于天然纤维素结晶度比较高，纤维素酶不容易将其水解。并且木质素又将纤维素包围，使酶很难接触到底物，对纤维素的酶水解有很大的影响。因此，为使纤维素能更容易被酶水解，必须对天然纤维素原料在酶解前进行适当处理，也就是使它的结晶度降低，将它变成无定形纤维素或脱去木质素等。常用的方法既有物理法也有化学法，还有生物法。

（1）物理法。物理法主要是利用球磨机等机械的破坏，或用电子射线和 γ 射线照射，使高结晶度的纤维素微粉化，从而将纤维素的结晶程度破坏，以及使纤维素的比表面积增加。常用的方法很多，如蒸汽爆破、γ 射线照射、机械粉碎（球磨、压缩球磨）、冷冻粉碎（温度大约为 $-100℃$）等。物理法前处理的能耗比较高，并且经过处理后，木质素还保留在原料中。

（2）化学法。化学法就是利用化学药剂使天然纤维素结晶度下降，或使原料中的一些木质素脱除。硫酸和正丁胺常用的化学药剂，氢氧化钠和磷酸也是常用的化学药剂，常用的化学药剂还有 Cadoxen 混合液等，Cadoxen 混合液是一种由一定浓度的乙二胺和氧化铬组成的无色、无味的溶剂。表 5-1-1 为用化学法对纤维素原料的前处理结果。用化学法处理的效果非常显著，但对纤维素原料处理结束后，很难将药剂分离出来，也很难将其回收。

表 5-1-1　纤维素原料的前处理法

处理方法		作用及木质素变化	纤维素的结晶度	纤维素的比表面积	纤维素的分子量
物理处理	球磨	粉碎，木质素层破坏	降低	微降低	降低
	压缩球磨	压缩和切断，木质素层破坏	降低	微降低	降低
	蒸汽爆破	木质素低分子化，纤维多孔化	不变	—	微降低
	冷冻粉碎	低温粉碎，木质素层破坏	降低	—	—
	γ 射线照射	氧化分解，木质素低分子化	稍降低	增加	显著降低
化学处理	氢氧化钠	膨润和木质素的溶解	微降低	增加	微降低
	正丁胺	膨润和木质素的溶解	微降低	增加	微降低
	过乙酸	木质素、纤维素被氧化，脱木质素	不变	—	—
	亚氯酸钠	木质素氯化，纤维素氧化，脱木质素	不变	—	—
	臭氧	木质素氧化分解，纤维素氧化	—	—	—
	氧化氮	木质素分解，纤维素氧化	—	—	—
	硫酸（60%）	纤维素溶解和水解无定形化，木质素分解	显著降低	显著增加	降低
	磷酸（76%）	纤维素溶解，无定形化	显著降低	显著增加	变化小（低温）
	Cadoxen混合液	纤维素溶解，无定形化	显著降低	显著增加	变化小

（3）生物法。生物法就是利用微生物（如白腐菌类）对木质素进行分解，从而达到疏松木材组织结构，有利于纤维素酶对底物的作用，从而

可以将酶解的糖得率提高。

近些年来，蒸汽爆破法和湿氧化法是研究比较多并且公认效果比较好的预处理方法。

1）蒸汽爆破法。在纤维质材料预处理方法中，蒸汽爆破法就是最常用的一种。蒸汽爆破法的原理是先在几十个大气压下，温度为 200~250℃饱和水蒸气中对原料处理数十秒至数分钟，然后瞬间将反应体系降到常压。其原理是利用高温高压将木质素和纤维素进行分离。

蒸汽爆破法设备一般由四部分构成：恒压反应器、冷凝器、蒸汽发生器和接收器。首先将原料秸秆放到反应器中，用蒸汽将其加热，然后打开反应器的底部阀门，使反应器的压力降至常压，固体和液体产物被收集到收集器底部，气体产物从收集器顶部排出。蒸汽爆破法的优点是秸秆的纤维素水解转化率最高可以达到 70%，废气中仅含有少量糠醛，对环境影响很小。但蒸汽爆破法的不足之处是需要消耗大量的蒸汽。

（2）湿氧化法。湿氧化法对于秸秆的处理效果也是非常的显著，只要用适量的 Na_2O_2 和 O_2 在温度为 200℃左右的条件下对秸秆处理 5~20min，就可以得到高纤维素含量和高酶转化率的固体纤维碎片。湿氧化法的机理是纤维素遇碱后膨胀、碱化，但结构不发生变化，而 Na_2CO_3 起到缓和作用，能够防止纤维素被破坏，木质素和半纤维素在碱液中溶解，使纤维素得到分离。湿氧化法的优点就是产物纤维素纯度高，副产物少，酶解转化率最高可以达到 85%。

关于纤维素原料的前处理方法有很多，并且每种方法也都不是完美的，都是既有优点又有缺点。因此，在选用前处理方法时不但要考虑酶解的效果，还要考虑现有的条件和处理成本。

3. 纤维素酶水解工艺

到目前为止，纤维素酶水解还没有实现工业化生产，但近些年来发展得比较快，工业化生产将要成熟，图 5-1-4 所示为美国加利福尼亚大学的农业废料纤维素酶水解工艺图。此工艺是把稻草、玉米芯及其他含纤维废料作为原料，生产的菌种是瑞斯木霉 QM9414。工艺过程包括：原料前处理（也就是粉碎、酸预水解）、酶液制取、纤维素酶水解和单糖的酒精发酵等。

将原料粉碎到 2mm 粒度，加入浓度为 0.9% 的 H_2SO_4 液将其混合，干物质浓度为 7.5%。该悬浮液在预水解器中搅拌，水解时间为 5.5h，温度保持在 110℃，得到的单糖得率为半纤维素的 75%。

瑞斯木霉 QM9414 菌种经过扩大培养后，加入纤维素浓度为 6.5g/L

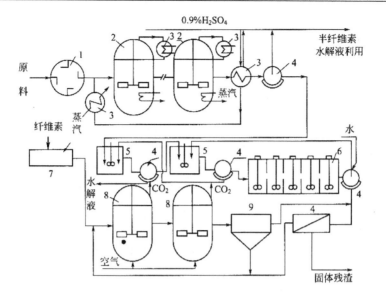

图 5-1-4　植物原料酶水解工艺流程

1—粉碎机；2—预水解器；3—热交换器；4—过滤器；5—回收酶的储槽；
6—酶水解器；7—灭菌器；8—产酶发酵槽；9—离心机

的培养液中，在发酵槽中进行产酶发酵，温度为 30℃，pH 值为 4.5。成熟醪液经过分离过滤后就可以得到酶液了。

　　把经过预水解后的木质纤维素制成浓度为 5% 的悬浮液，将其作为酶水解的培养液。纤维素酶水解在水解器中进行，温度控制在 45℃，处理时间为 40h。酶解后，水解液中含葡萄糖 2.6%，糖得率为纤维素的 40% 左右。酶的二次回用率为 58%。水解液经过蒸发浓缩，糖的浓度达到 11.2% 后，将其送到酒精车间进行发酵、蒸馏，最后得到质量分数为 95% 的酒精。酒精得率大约为原料量的 10%，也就是 1t 稻草可以得到 96L 的酒精。

　　燃烧固体残渣和废水甲烷发酵产生的甲烷是该工艺所需的蒸汽和电能的重要来源。因此，酒精生产的成本主要是由糖得率、原材料的消耗和酶的回用率决定的。

　　我国南京林业大学的余世袁教授和一些著名的学者，根据行业发展趋势，启动了与生物乙醇研究相关的分子生物学和基因工程的研究。1998年，在黑龙江建成了完整的农林植物纤维生产燃料乙醇中试生产线，并完成了中试试验。该生产线每天处理 5t 的农林植物纤维，每天生产能 0.8t 的乙醇，图 5-1-5 所示为其工艺流程。把黑龙江产玉米秸秆作为原料，风干料经过除尘、除铁后切割成 5~10cm 的大小以作备用。用蒸汽爆破法对原料进行预处理，在体积为 1m³ 蒸汽爆破器中，将反应体系加压到

1.6~2.0MPa、处理时间为10~15min，预处理前后原料中主要组分的变化见表5-1-2（以100g绝干原料为基准）。

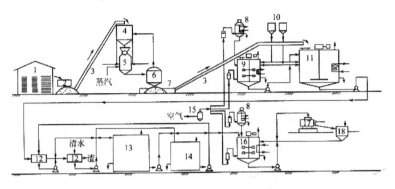

图5-1-5 农林植物纤维制备乙醇的工艺流程

1—备料仓；2—合格物料；3—带式输送机；4—高位料斗；5—蒸汽爆破器；
6—料槽；7—爆破后物料；8—生物储槽；9—生物反应器；10—添加剂储槽；
11—酶水解器；12—压滤机；13—一次洗液储槽；14—二次洗液储槽；
15—空气过滤器；16—发酵罐；17—离心机；18—滤液储槽

表5-1-2 100g绝干玉米秸秆蒸汽爆破预处理前后主要成分的变化

项目	纤维素含量/%	戊聚糖质量/g	木质素质量/g	灰分质量/g
蒸汽爆破前	37.53	22.34	18.76	6.0
蒸汽爆破后	36.00	13.40	16.90	6.0
损失/%	4.08	40.02	9.91	0.00

在蒸汽爆破器中，将压强调节到1.6~2.0MPa的高温高压下，原料就会发生热降解和乙酸自水解反应，从而使得一些碳水化合物和木质素发生降解反应。从表5-1-2可知，在蒸汽爆破预处理过程中发生的降解作用最大的是热稳定性和化学稳定性相对较差的戊聚糖。含有22.34g戊聚糖的100g玉米秸秆在蒸汽爆破过程中戊聚糖损失达40.02%，并且剩余的13.40g戊聚糖主要以低聚木糖的形式存在（平均聚合度为1.5~2.0）。无定形的木质素在蒸汽爆破过程中损失9.91%，而纤维素在蒸汽爆破过程中损失很少，只有4.08%，与K.Shimizu和一些著名的学者把木材作为原料蒸汽爆破预处理的结论相比，这个研究结果几乎一致。用蒸汽爆破对其预处理过程中，在自水解和热降解以及喷放过程中强大的应力作用下，纤维素实现了较好的分离，戊聚糖也实现了较好的分离，实现了较好分离的还有木质素，提高了纤维素对纤维素酶的可及度，并且也达到了预处理的目的。

　　经过蒸汽爆破预处理后的玉米秸秆，每天取 10% 的汽喷料用来制备纤维素酶，使剩余的 90% 的汽喷料发生降解反应。图 5-1-6 所示为 20m³ 生物反应器制备纤维素酶反应流程。图 5-1-7 所示为 32m³ 反应器水解纤维素的反应流程。里氏木霉把经过蒸汽爆破预处理后的玉米秸秆作为原料在 20m³ 发酵罐中液体深层发酵制备纤维素酶，当培养基中玉米秸秆的纤维素浓度为 15g/L、搅拌转速为 100~150r/min、通风量为 110~260m³/h、温度为 28~30℃ 时，培养时间为 72h，滤纸酶活力达到 2.27FPIU/mL，纤维素酶体积生产率为 31.53FPIU/（L·h），酶得率为 151.3FPIU/g（对纤维素）。与实验室小试（3L 的发酵罐）相比，将滤纸酶活力和酶得率保持不变的情况下，产酶时间减少了两天，而酶产率从小试产酶的 20.83FPIU/（L·h）提高到中试水平的 31.53FPIU/（L·h）。

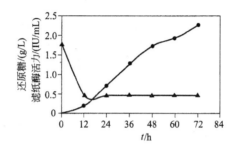

图 5-1-6　玉米秸秆制备纤维素酶反应历程图

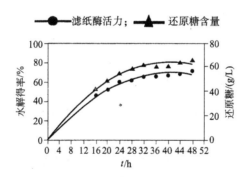

图 5-1-7　玉米秸秆制备纤维素酶水解历程

　　由图 5-1-6 可知，当里氏木霉用 10% 的原料制备的纤维素酶对剩余的 90% 的原料进行水解时，也就是相当于 6.6FPIU/g（对纤维素）的酶用量，在底物浓度为 20% 的条件下水解时间为 48h，水解液中还原糖浓度最高可以达到 66.5g/L，水解得率最高可以达到 71.3%，这也基本上达到了工业生产的要求。

玉米秸秆经过纤维素酶水解后，再通过固液分离的方法可以将没有被水解的纤维残渣与水解糖液进行分离，木质素与水解糖液进行分离，残渣中的糖分可以用梯度洗涤的方法将其洗出，最后得到还原物浓度为43.65g/L的富含戊糖的水解糖液，水解糖液经过树干毕赤酵母发酵，将其中的戊糖和己糖同步转化为酒精，图5-1-8所示为发酵过程中还原物和酒精变化的趋势。总还原物浓度为43.65g/L的玉米秸秆酶水解液经树干毕赤酵母16h发酵，水解液中总还原物浓度降至5.60g/L，酒精浓度达16.5g/L，还原物利用率为87.17%，酒精得率为0.43g/g（酒精/消耗的糖）。同时对醪液中的还原物进行分析，发现单糖就只有木糖，其浓度为2~3g/L，而剩余的近一半以上的还原物质主要是在蒸汽爆破预处理过程中产生的非糖类还原物质，如乙醛、甲醛、糠醛等。发酵前期，发酵速度比较快，该阶段主要是己糖发酵，发酵时间为8h，发酵液中还原物的含量降低了，降到了11.0g/L，此时总还原物的利用率为74.91%，在发酵后期，主要利用木糖进行发酵，在发酵时间为16h时，其对应的酒精浓度为16.5g/L。

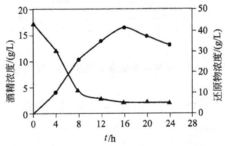

图5-1-8　植物纤维水解糖液的戊糖己糖同步酒精发酵

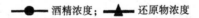

——●——酒精浓度；　——▲——还原物浓度

5.1.3　纤维素酶水解需要解决的问题

地球上经过光合作用合成最多的有机物就是纤维素，它是一种再生资源，怎样合理有效地利用纤维素是一个非常有意义的研究。因此，世界各国学者对纤维素酶水解的研究做了大量工作。虽说纤维素酶水解相比于酸水解有很多优点，但是到目前为止，实现工业化，还有以下问题需要解决。

1. 纤维素酶的活性低、成本高

怎样制备纤维素酶一直以来都是世界各国关注的重点。虽然丹麦和美国制备的纤维素酶活力比之前提高了几十倍，但是在植物降解时应用纤维酶的效果并不是太好。纤维素酶的生产（包括菌种的选育、扩大培养和产酶发酵等过程）成本在纤维素酶水解总成本中占有相当大的比例。另外在纤维素酶水解过程中，最终产物葡萄糖对纤维素酶水解有抑制作用。当生成的葡萄糖浓度较高时，酶解速度便会明显下降。为了使酶水解的速度加快，抑制作用减少，那就需要使纤维素酶的使用量增加，从而将纤维素酶水解的成本提高。因此，酶水解生产能不能实现工业化的关键就是能否将纤维素酶成本降低。

要想将纤维素酶的成本降低，第一个需要考虑的问题就是选育出菌种，使其可以合成产量高、活性大的纤维素酶。

怎样减少甚至消除葡萄糖对酶水解的抑制问题，可以从以下两个方面解决：

一方面，使反应生成的葡萄糖尽快地离开反应区域，使酶解液中葡萄糖的量达到最少，使其不对酶解反应产生抑制作用。可考虑采用酶水解和糖发酵同时进行的工艺，即酶解产生的葡萄糖随即被酵母发酵成酒精，或采用膜分离技术，将产生的葡萄糖及时分离引出。

另一方面，通过诱变方式选育出具有更加优良性能的菌种，使其产生的纤维素酶不受反应生成物抑制作用的影响。

另外，还可以通过解决酶的回收和重复利用问题来降低酶的成本。酶的回收和重复利用可以使酶的消耗降低很多，对降低酶的成本影响很大。为此，我们应该研究酶的回收技术，将酶的回收技术提高，从而可以将酶的回用率提高。另外还应该对固定化酶技术进行研究，即使酶与固体高分子载体进行结合，使其成为具有催化活性的固体催化剂，就是为了方便与酶解液分离并重复使用。同时对实现酶解生产的连续化和自动化都有很大的帮助。

2. 原料预处理问题

由于植物纤维原料本身具有结构的特点，使得纤维素酶很难有效地与底物（纤维素）相接触。并且天然纤维素具有高结晶度的结构，进行酶水解也比较困难。所以，在酶水解开始前必须对植物纤维原料进行前处理。虽然各种前处理方法都有一定的效果，但处理成本都较高。例如，用化学法对纤维素进行前处理时，需要耗用大量的化学药品，则需解决药品回收和环境污染问题；用物理法对纤维素进行前处理时，则耗能过高；用生物法对纤维素进行前处理时，用的时间比较长，并且半纤维素和纤维素也会发生部分分解反应，使得其含量减少。因此，我们还需要继续探索一些低能耗、少损耗的原料预处理技术。

3. 酶解剩余物的利用

纤维素酶水解反应充分后，剩下的主要产物就是木质素和半纤维素，以及半纤维素的分解产物。这些剩余物数量很大，如果找不到怎样对这些剩余产物有效利用的方法，不但会使酶水解的成本变大，还会对环境造成一定的污染。因此，对酶水解剩余物的利用问题也是个值得重视的问题。

除此之外，我们还需要对酶的作用机理和酶水解动力学、对产酶发酵和酶水解工艺进一步地深入研究，找到最佳工艺条件，对提高酶得率、提高酶的活性、提高酶解效率等有很大好处。

5.2　半纤维素酶

5.2.1　半纤维素的水解特性

木材半纤维素一般情况下至少由两种糖基组成，这里的糖基可以是中性的也可以是脱氧，还可以是酸性的，并常含有乙酰基，还具有侧链或支链所组成的非均一高聚糖。由于每种木质化植物的半纤维素都包含有几种非均一高聚糖，而且它们之间的结构差异很大，所以半纤维素是对比纤维素还要复杂的一群非均一高聚糖的总称。半纤维素的反应性能由植物原料中相应多糖的化学结构决定，半纤维素的水解液中碳水化合物的组成也由植物原料中相应多糖的化学结构决定。

1. 半纤维素的组成

根据构成半纤维素单糖的种类以及纤维素中是否有酰基等，可以将半纤维素分为五类：阿拉伯糖基（4-O-甲基葡萄糖醛酸）-木聚糖、半乳糖基葡萄甘露聚糖、4-O-甲基葡萄糖醛酸木聚糖、葡萄甘露聚糖、阿拉伯糖基半乳聚糖等。

表5-2-1所示为针叶材和阔叶材半纤维素中特性基环比例的平均数据。

表 5-2-1　针叶材和阔叶材半纤维素中特性基环比例的平均数据

多聚糖	材种	多糖对绝干材含量/%	多糖结构单元	结构单元比例	苷键形式	聚合度
4-O-甲基葡萄糖醛酸木聚糖	阔	15~20	β-D-Xyl（p） 4-O-Me-α-GlcA（p） α-D-GlcA（p）	10 1 0.5	1→4 1→2 1→2	150~250
阿拉伯糖基（4-O-甲基葡萄糖醛酸）-木聚糖	针	7~10	β-D-Xyl（p） 4-O-Me-α-GlcA（p） α-L-Ara（f）	10 2 1.3	1→4 1→2 1→3	120~150
葡萄甘露聚糖	阔	3~5	β-D-Man（p） β-D-Glc（p）	1~3 1	1→4 1→4	70~120
半乳糖基葡萄甘露聚糖	针	10~15	β-D-Man（p） β-D-Glc（p） α-D-Gal（p） O-Ac	3 1 0.1~1.0 0.24	1→4 1→4 1→6	100~150
阿拉伯糖基半乳聚糖	针（阔）	10~15	β-D-Gal（p） α-L-Ara（f） β-D-Ara（p）	6 0.7 0.3	1→3 1→6 1→6 1→3	220~600

注　Xyl—木糖；Ara—阿拉伯糖；Glc—葡萄糖；Man—甘露糖；Gal—半乳糖；Me—甲基；GlcA—葡萄糖醛酸；Ac—乙酰基；p—吡喃糖；f—呋喃糖。

阔叶材半纤维素的部分多糖是乙酰-（4-O-甲基葡萄糖醛酸）-木聚糖和葡萄甘露聚糖，或葡糖醛酸木聚糖和葡萄甘露聚糖。葡糖醛酸木聚糖的大分子上有分枝，并且在吡喃式木聚糖主链上连接有葡萄糖醛酸和乙酰基。

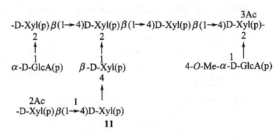

$$\begin{array}{c}
\hspace{6cm} 3Ac \\
\text{-D-Xyl(p)}\beta(1\rightarrow4)\text{D-Xyl(p)}\beta(1\rightarrow4)\text{D-Xyl(p)}\beta(1\rightarrow4)\text{D-Xyl(p)-} \\
2 \hspace{3.2cm} 2 \hspace{3.2cm} 2 \\
\uparrow \hspace{3.2cm} \uparrow \hspace{3.2cm} \uparrow \\
1 \hspace{3.2cm} 1 \hspace{3.2cm} 1 \\
\alpha\text{-D-GlcA(p)} \hspace{1cm} \beta\text{-D-Xyl(p)} \hspace{1cm} 4\text{-}O\text{-Me-}\alpha\text{-D-GlcA(p)} \\
4 \\
\uparrow \\
2Ac \hspace{1.5cm} 1 \\
\text{-D-Xyl(p)}\beta(1\rightarrow4)\text{D-Xyl(p)} \\
\mathbf{11}
\end{array}$$

多糖主链是由 1，5-无水-β-D-吡喃木聚糖基组成的，并含有很多个分枝点。用苷键 β（1—4）将主链的基环间相连，并在主链分枝点处与支链相连的是 β（1—2）和少量 β（1—3）键。用 β（1—2）键将支链基环相连。乙酰基将 C_2 和 C_3 原子上的大多数羟基取代。

如下所示为阿拉伯糖基（4-O-甲基葡萄糖醛酸）木聚糖 12 的大分子碎片的结构式。

$$\mathbf{12}$$

与阔叶材中聚戊糖化学结构相比，农业生产的植物废料中聚戊糖化学结构是相类似的。而植物原料的各种木聚糖在结构上都是不相同的，可以利用符号将各种植物的结构特征表示出来。

葡萄甘露聚糖的大分子为线型结构：$-\beta$（1$\rightarrow$4）$-$D—Man（p）β（1$\rightarrow$4）D-Glc（p）β（1$\rightarrow$4）D-Man（p）β（1$\rightarrow$4）$-$。

主链是由 1—4 苷键将 β-D-吡喃式葡萄糖和 β-D-吡喃式甘露糖基连接而形成的。多糖的葡萄糖和甘露糖的比例在 1：（1.5~2.0）之间。阔叶材半纤维素中不但含有木聚糖类，还含有葡萄甘露聚糖，其含量为 2%~5%。

针叶材半纤维素的基本多糖是半乳糖基葡萄甘露聚糖 13。这种半纤维素多糖根据其中 D-半乳糖基的相对含量和水溶性的不同而分成两类：一类是半乳糖基含量高而又溶于水的组分；另一类是半乳糖基含量低而又不溶于水的组分。溶于水的多糖有 D-半乳糖，也有 D-葡萄糖，还有 D-甘露糖，D-半乳糖、D-葡萄糖、D-甘露糖的比例为 1：1：3；而溶于碱液

中的糖基比例为 $0.1 : 1 : 3$。

13

$$\begin{array}{c} \alpha\text{-L-Ar(f)} \\ \overset{\mid}{\underset{\downarrow}{1}} \\ 6 \\ \text{D-Gal(p)}\beta(1{\rightarrow}3)\text{-D-Gal(p)}\beta(1{\rightarrow}3)\text{-D-Gal(p)}\beta(1{\rightarrow}3)\text{-D-Gal-} \\ \overset{\uparrow}{\underset{1}{6}} \qquad\qquad\qquad\qquad \overset{\uparrow}{\underset{1}{6}} \\ \beta\text{-D-Gal(p)} \qquad\qquad\qquad \beta\text{-L-Ar(f)} \end{array}$$

14

　　阿拉伯糖基半乳聚糖的水溶性多糖含量高就是阔叶材的主要特征。14 所示的为这种多糖大分子碎片的结构。

　　在半纤维素组分中，不光含有上述多糖，还含有少量的其他多糖。

　　果胶物质同样是植物原料的碳水化合物组分，其含量在 0.5%～1.5% 之间。果胶是由部分甲基化的 D-半乳糖醛酸基组成的，它的结构属于聚糖醛酸。

　　半纤维素的特点是能形成不完全水解的溶解低聚糖。木聚糖发生水解反应时，二木聚糖 15a 就是得到的主要低聚糖中的一种。

15a　　　　　　　　　　　**15b**

　　在二木聚糖（在纤维二糖中也是同样）中，一个单元环含半缩醛羟基，而且它在互变转换中成为缩醛基 15b。这些二糖属于可还原化合物，末端的单元环具有还原性。

　　由于半纤维素不完全水解产物中含有二糖醛酸 16，所以在糖醛酸和中性单糖基之间的苷键具有很高的牢固度。非还原性末端基上带有糖醛酸基的二糖和三糖以及四糖。17 所示的是三糖的结构式。

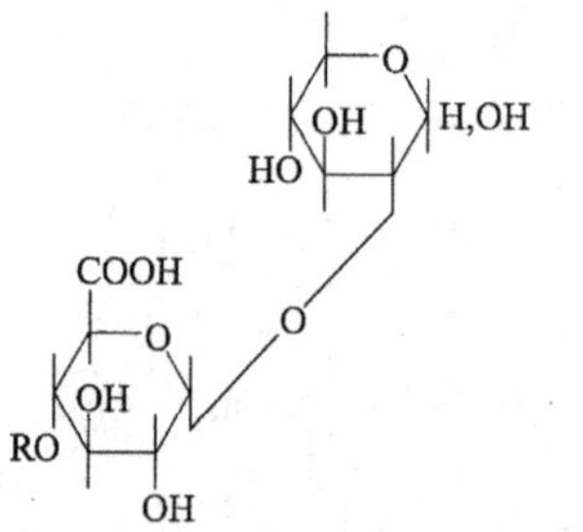

16

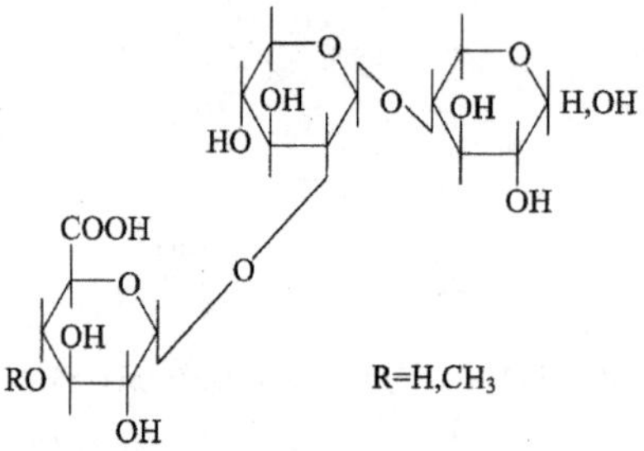

R=H,CH₃

17

要想将溶解的低聚糖转换成单糖，就要在温和的条件下发生补充水解反应。

半纤维素发生水解时产物是单糖，这些单糖构成了水解液的基本组分，这些多糖有戊糖也有 D-木糖 18 还有 L-阿拉伯糖 19。当某些植物原料发生水解时，还会形成少量 L-鼠李糖 20。L-鼠李糖 20 属于甲基戊糖（己糖）。

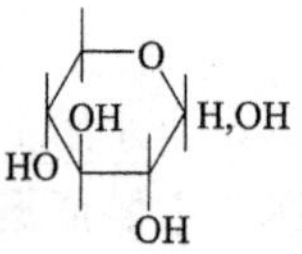

18

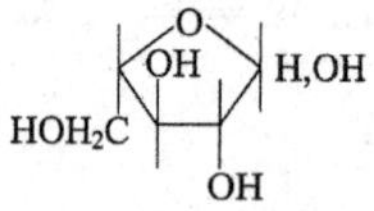

19

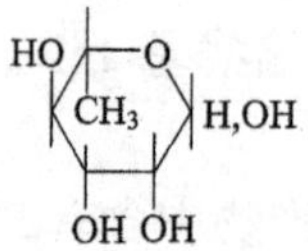

20

如下所示为 D-甘露糖 21、D-葡萄糖 1、D-半乳糖 22 的结构式。

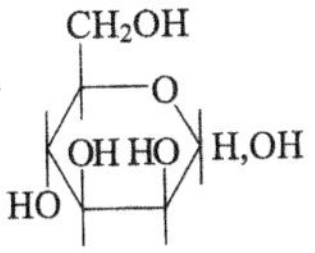

21

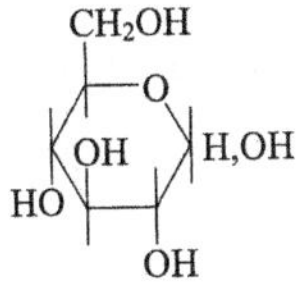

1

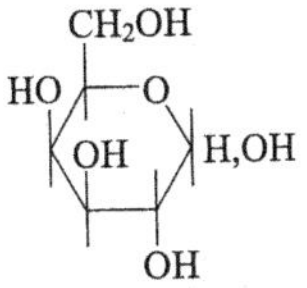

22

纤维素发生水解时还产生糖醛酸及其甲酯，其中有 D-葡萄糖醛酸 23、D-半乳糖醛酸 24 及 4-D 甲基-D-葡萄糖醛酸 25，它们的结构如下所示。

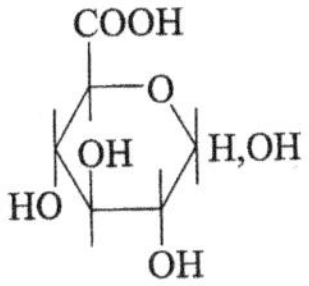

23

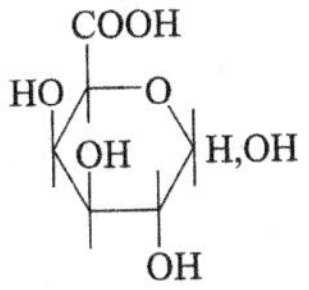

24

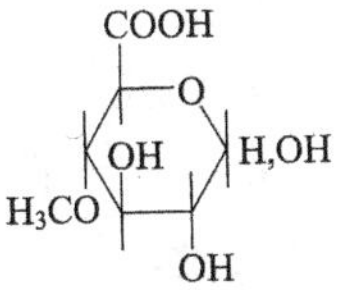

25

从木聚糖和甘露聚糖大分子脱下的乙酸基（脱乙酰基反应），形成 CH_3COOH，从糖醛酸脱下 O-甲基（脱甲氧基反应），形成 CH_3OH。

由植物原料多糖水解，得到成分复杂的反应混合物，含有低聚糖、单糖、糖醛酸、二糖醛酸、甲醇等。由于单糖的进一步转化，这种混合产物会变得更加复杂。

2. 半纤维素的酸水解特性

半纤维素分子中有各种不同的糖基：呋喃型和吡喃型。二者之间既有 α-连接的，又有 β-连接的。为了更好地理解半纤维素在酸性条件下的水解性质，首先要清楚各种糖苷的水解性质。

表 5-2-2 所示为若干甲基糖苷酸性水解的相对水解速度。

表 5-2-2　若干甲基糖苷酸性水解的相对水解速度（用 0.5mol/L 盐酸，75℃）

糖苷	水解速度 k/k'（相对值）
α-D-葡萄糖甲基苷	1.0
β-D-葡萄糖甲基苷	1.9
α-D-甘露糖甲基苷	2.4
β-D-甘露糖甲基苷	5.7
α-L-半乳糖甲基苷	5.2
β-D-半乳糖甲基苷	9.3
α-D-木糖甲基苷	4.5
β-D-木糖甲基苷	9.0
α-D-阿拉伯糖甲基苷	13.1
β-L-阿拉伯糖甲基苷	9.0

注　各种甲基糖苷之速率常数（k）与 α-D-葡萄糖吡喃糖甲基苷速率常数 k' 的比例，$k' = 1.98 \times 10^{-4}$/min。

表 5-2-2 中，k 表示各种甲基糖柑的速度常数，k' 为 α-D-葡萄糖甲基苷速率常数，$k' = 1.98 \times 10^{-4}$/min。

从有关实验可知：吡喃型糖苷比相应呋喃型糖苷难以水解；酸型糖苷要比相应的非酸型糖苷难以水解。

半纤维素的各种成分在酸水解的条件下相继发生一系列的化学反应：阿拉伯糖基半乳聚糖经过水解后全都变成单糖；乙酰基-4-O-甲基-D-葡萄糖醛酸基木聚糖第一步先将乙酰基脱落，第二步将木糖基之间的苷键水解，最终使其聚合度下降；针叶材阿拉伯糖基-4-O-甲基-D-葡萄糖醛酸基木聚糖，因为阿拉伯糖的苷键发生水解了，所以乙酰基很快脱落，紧接着木糖基之间的苷键也发生水解。经过水解的 4-O-甲基-D-葡萄糖醛酸基木聚糖，其糖基发生了变化，木糖基减少，4-O-甲基-D-葡萄糖醛酸基增加；木聚糖类比葡萄甘露聚糖类水解要容易一些。在半乳糖基葡萄甘露糖中，由于半乳糖苷键在酸性环境中很不稳性，就很快形成葡萄甘露聚糖。

5.2.2　半纤维素水解动力学

植物原料半纤维素属于容易发生水解的多糖。半纤维素与纤维素不同，半纤维素的主要特征就是化学构造不是均一的，大分子结构也不是均一的。半纤维素成分中含有水溶性多糖，其溶解速度取决于扩散因素，不取决于苷键的断裂速度。而一些半纤维素成分中含有高定向多糖成分。半纤维素的高定向多糖成分的水解速度和纤维素的水解速度一样。

另外，在同一种不均一的多糖半纤维素大分子中，苷键的牢固程度也是不一样的。其中，C_5 各种不同取代基就对基环之间的苷键的水解速度有一定的影响。例如：

C_5 上官能基	k_1
H（无水戊糖）	3.0
CH_2OH（无水己糖）	1.0
COOH（糖醛酸残渣）	0.035
$COOC_2H_6$（糖醛酸酯）	0.005

对葡萄糖醛酸木聚糖苷键牢固度很不一样（其中，脂肪直链比较牢固）：

$$—Xyl(p)—Xyl(p)—Xyl(p)—Xyl(p)—Xyl(p)$$
$$|$$
$$GlcA(p)$$

其中，Xyl（p）为吡喃型木糖基环；GlcA（p）为葡萄糖醛酸。

糖苷的立体化学结构对半纤维素酸水解的速度有非常显著的影响。呋喃糖苷（五环）水解速度比具有大环的吡喃糖苷水解速度快一个数量级左右。苷键的牢固程度明显不一样，这是半纤维素各种组分的水解动力学特性。

聚合物链上单元环的空间障碍对多糖苷键的水解速度同样也有影响。例如，多糖链内苷键的牢固程度大于终端苷键的牢固程度。那是因为主链上的基环具有制止作用。支链上的多糖在酸水解条件下水解不完全时，从多糖大分子分枝点得到的大多数都是低聚糖。

所以植物原料包含多种组成成分，组成成分含有各种反应能力的多糖。

在半纤维素水解的过程中，同时也发生了这样的一系列反应：溶于水的组分从溶液中溶出；不容易溶解的多糖经过复相水解变成容易溶解的低聚糖；低聚糖溶解到溶液中；在均相条件下，低聚糖经过水解变成单糖。

开始的三个连续平行的反应过程全部称为半纤维素的水解溶解。在多糖水解的过程中，通过研究不溶（不水解）多糖量的变化来研究水解溶解动力学。多糖的水解在复相条件下是比较慢的，这个慢的阶段是有限的，所以水解溶解速度的术语通常用半纤维素水解速度的术语来代替。

通过研究单糖的形成速度来研究半纤维素水解动力学，但在水解条件下，糖的形成量也会受到单糖的影响，所以要想研究半纤维素水解溶解度，就要对半纤维素水解过程的特性进行研究，也要对低聚糖的均相水解（转化）进行研究。

关于怎样描述多组分多糖化学转换动力学，比较简单的方法是按照如下所示的两个平行的一级反应式来描述：

$$P_{\text{I}} \xrightarrow{k_1^{\text{I}}} G$$

$$P_{\text{II}} \xrightarrow{k_1^{\text{II}}} G$$

上两式中，P_{I}、P_{II} 为水解多糖的两种组分；k_1^{I}、k_1^{II} 为水解速率常数；G 为单糖。

假设半纤维素溶解速度为 v_s，水解速度为 v_h，低聚糖转化速度为 v_i，则三者之间的关系为：

$$v_s \geqslant v_i \geqslant v_h$$

半纤维素进行水解时，半纤维素原料中含有两个动力学上相同的组分 $P_{0(\text{I})}$ 和 $P_{0(\text{II})}$，这时其溶解量为：

$$X_{\text{X}} = P_{0(\text{I})} \left(1 - e^{-k_1^{\text{I}} t}\right) + P_{0(\text{II})} \left(1 - e^{-k_1^{\text{II}} t}\right)$$

在均相条件下，糊精以很高的速度进行水解，其速度相当于纤维素在相同条件下水解速度的 340～660 倍。

当把半纤维素的水解深度增加时，其相应的反应性能就会慢慢地下降，就是 $\delta_1 = f(P_{\text{X}})$。$k_1$ 值可以用下式来表示：

$$k_1 = \alpha_1 c_{\text{Ad}} \lambda_1 f(P_{\text{X}})$$

由于植物原料碳水化合物组分中所含的多糖反应性能相差得很大，在对水解工艺规程进行制定时，对多糖中每一种组分在化学动力学要选择合适的水解参数。

5.3　漆酶

漆酶是一种蛋白质类酶制剂，是从紫胶漆树的漆液中发现的，可以使生漆固化的活性物质分解，因此叫作漆酶。

漆酶是一种多酚氧化酶，对多种酚类和非酚类底物都可以起到催化氧化作用。天然漆酶不太稳定，在应用时很容易失活。

漆酶对木质素的降解能起到催化作用，对纤维素的降解不能起到催化作用，也就是说每一种酶只能催化一种或者一类化学反应，这体现了酶具有专一性。

漆酶在木质纤维素降解方面具有潜在的应用价值，在环境污染物生物降解或转化等方面也具有潜在的应用价值，被认为是一种酶催化剂，并且既绿色环保又经济安全。然而，氧化还原电势低等因素对漆酶的应用起到了限制作用。小分子介体的发现，能有效提高漆酶的反应效率，扩大其作用范围，因而漆酶或介体系统（Laccase-mediator system，LMS）的研究和应用日益受到关注。目前常用的介体分为三类：酚酸类天然介体、人工合成介体和多金属氧酸盐等。与其他两类介体相比，天然介体的来源更广，价格便宜，毒性也比较低，辅助漆酶催化效率更高。在 LMS 中，介体参与反应的机制可分为如下三类。

第一类：电子转移机制（Electron transfer，ET）。

第二类：氢原子转移机制（Hydrogen atom transfer，HAT）。

第三类：化学离子机制（Ionic mechanism type，IM）。

漆酶或介体系统在污水处理、生物制浆、染料脱色、污染物降解等方面的应用叙述如下。

（1）工业污水治理方面。中国的工业得到了快速的发展，人类为了获得最大的经济效益，就开始制造各种污染物（如废水、废液等），甚至有的厂家直接把污水排到河流中，排到大自然中，到最后给人类带来了很大的伤害。因此，国家针对这一情况，制定了严格的法律条令，污水必须经过处理后才能排放。这时漆酶的强大作用被展现出来，真菌能降解色素和木质素类物质，对去除废水中的木质素及其衍生物、单宁和酚醛化合物等有毒物也有良好效果，有助于造纸业最终实现清洁生产；在实际应用方面，白腐真菌的产物漆酶等木质素降解酶类可用于治理污水，制成生物反应器，用于降解工业染料。白腐真菌学应用于工业染料废水的脱色，单独用漆酶对桉木硫酸盐浆 CEH 漂白废水进行脱色，脱色率为 24% 左右，可以脱其中 40% 以上的有机氯化物等有毒物质。分析培养液中粗抽提液发现，只有漆酶活力和染料的脱色效果呈正相关的关系，这说明漆酶在污水治理方面起到了重要作用。漆酶的结构式如图 5-3-1 所示。

（2）污染物的降解方面。氯酚类有机化合物在化工生产中是一种不可缺少的原料，主要用来生产防腐剂、染料、杀虫剂等化工产品。漆酶能氧化蒽和致癌物质苯并芘，在降解相对分子质量较大的氯酚及其衍生物时，

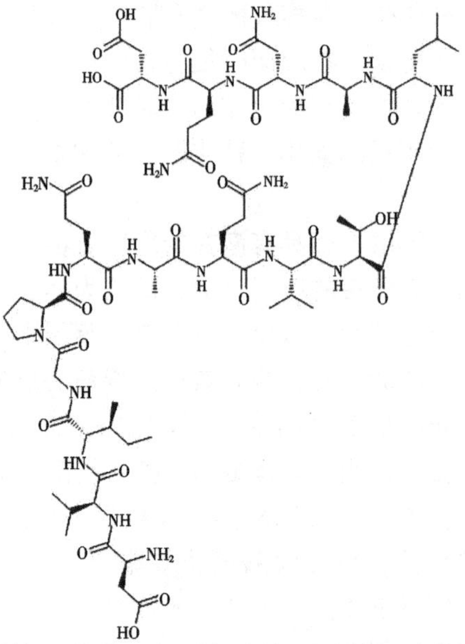

图 5-3-1　漆酶的结构式

运用介体 ABTS 可明显增强这种作用，蒽被氧化的终产物为蒽醌。另外，芳环上氯的取代位置和取代数量，对漆酶对氯酚及其衍生物的转化能力都有一定的影响，很容易去除其邻位的氯酚，也很容易去除其对位的氯酚。

（3）降解致癌多环芳香族化合物（PAHs）。由于工业生产的方式和人们的生活方式都在不断地改变，有越来越多的致癌多环芳香族化合物（PAHs）产生。又由于生活的各个方面都在慢慢地产生生物难降解性PAHs，这给人类生命将带来越来越大的威胁。然而漆酶对 PAHs 类化合物的降解效果是相当可观的，如粗酶液对苯并［a］芘和二苯并［a，h］蒽的降解率分别达 80% 和 30.2%。白腐真菌分泌的漆酶和过氧化酶经过加工纯化后可氧化大多数种类的 PAHs，如作用于硝基苯和蒽醌混合物，12 ~ 24d 后去除率将不小于 90%。对于漆酶氧化相对分子质量较大的 PAHs 类物质，采用的方法是间接氧化反应，即底物与酶不直接接触，而是通过酶介体系统（LMS）来实现的，最常用的介体是 ABTS 和 HBT，二者使降解效果明显提高，提高比率与介体浓度呈正比。在无介体存在的情况下，用纯漆酶处理 72h 后，苊被氧化 35%，蒽被氧化 18%，而荧蒽、苯并 a 蒽、苯并 b 荧蒽、二氢苊、芘、屈和苯并 k 荧蒽的氧化率只有 10%。

（4）染料脱色方面。漆酶能够将顽固性染料有效地去除。

（5）纸浆漂白方面。漆酶能够把木材及非木材的纸浆漂白率提高，提高漆酶对木质素的降解能力，并可优化纸浆性能及有效去除胶黏物。

（6）污染物去除方面。漆酶能够将顽固性污染物高效地降解，也能够将羟基多氯联苯（Hydroxy polychlorinated biphenyls）污染物高效地降解。

由上可知，漆酶能够将化工生产过程中各种污染废弃物降解，是人类能过上更加绿色健康生活的保障。人类生活离不开漆酶。

5.4　木质纤维素酶水解的影响因素

为了研究木质纤维素对纤维素酶水解的影响因素，把从苦竹中提取的乙醇木质素（EOL-B）和磨木木质素（MWL-B）作为模型物添加到微晶纤维素中进行酶吸附和水解。结果表明：添加浓度为 8g/L 的 MWL-B 使得反应时间为 72h 的葡萄糖的得率从 51.34% 降低到 46.06%；添加浓度为 8g/L 的 EOL-B 使得反应时间为 72h 葡萄糖的得率从 51.34% 增加到 61.06%。与 MWL-B 相比，EOL-B 与纤维素酶蛋白之间亲和力和结合力较低，所以纤维素酶在 EOL-B 上的非特异吸附更少。对 FT-IR 指傅立叶红外光谱和 13C-NMR 指核磁共振碳谱进行分析发现，经过乙醇预处理后的木质素分子中 C—C 凝缩单元减少，β-O-$4'$键断裂，导致木质素分子的亲水性增加，阻断了与纤维素酶蛋白疏水性氨基酸的结合，对纤维素酶蛋白吸附量减少，从而使得纤维底物周围的酶蛋白浓度增加，水解率提高。

5.5　木质素水解对纤维生物转化的影响

在用生物纤维酶水解转化乙醇的过程中，未经预处理的天然状态的竹质纤维的酶解率特别低，所以预处理技术成为竹纤维生物转化燃料乙醇工艺的一种关键技术。

同时，乙醇产率不高还有另外两个主要原因：其一，木质纤维酶解率比较低；其二，酶水解半纤维素和纤维素得到五碳糖或六碳糖不能同时有效地被利用转化为燃料乙醇。

本书在探索竹纤维蒸汽爆破预处理的最佳参数和提高发酵生产乙醇产量的目的的基础上，对竹纤维进行了蒸汽爆破预处理，混合纤维素酶酶解竹爆破渣，竹爆破渣混合菌发酵生产乙醇的工艺等方面的研究，得出了下列四个结论。

（1）酶解把蒸汽爆破预处理的丛生竹作为原料，主要对与纤维素酶解有影响的四个因素进行了研究，并对这四个因素进行正交优化研究，pH

值、β-葡萄糖苷酶/滤纸酶的比、酶解温度、酶的用量，得出了酶解竹纤维的最适宜工艺条件为：酶解温度为50℃、初始pH值为5.2、底物浓度为10%、吐温-20为0.3%、加入的酶量为35IU/g、β-葡萄糖苷酶/滤纸酶的比为1.0、酶解48h。用发酵罐来验证这个实验，得到还原糖的浓度为30.37g/L，糖的转化率为57.49%。

（2）用SEM电镜对爆破渣和酶解发酵残渣进行扫描发现，随着爆破压力的增高和时间的延长，去纤维化不断加剧，一定程度上破坏了木质纤维素的结构，分离出纤维素，提高了纤维素的粗糙度和增加孔隙结构，提高了纤维素酶对其的可及性，经过酶解后，半纤维素和纤维素碎片几乎都被降解了，这对竹子半纤维素和纤维素的转化利用有好的影响。

（3）在对竹纤维进行蒸汽爆破预处理时，需要将竹纤维粉碎到0.5~1.0cm大小，通过蒸汽爆破能将竹子内部结构适度地破坏，得到了得率较高的还原糖，其得率为6.85%。原料含水率在10%时可有效促进半纤维素在蒸汽爆破过程中溶出，去除部分木质素，得到还原糖得率最高为7.95%。随着爆破压力增加和保压时间延长，爆破渣还原糖得率大体上逐渐提高，半纤维素、纤维素、木质素有相应的降解，同时实验证实汽爆压力对爆破效果更为显著。而在压力大于3.5MPa、处理时间大于240s的剧烈的爆破条件下，还原糖得率会有所下降，所以用蒸汽爆破对竹子预处理的适宜条件为：爆破压力为3.0MPa，处理时间为240s。

（4）在发酵菌的作用下，把经过蒸汽爆破预处理和混合纤维素酶水解后的竹纤维转化为乙醇。当分别加入发酵菌种KO11和酿酒酵母时，将10%底物进行分步糖化发酵（SHF），可产乙醇分别为8.37、13.08、14.60g/L，乙醇得率分别为31.07%、48.55%、54.20%，说明组合菌发酵产乙醇效果最好。用组合菌进行同步糖化共发酵（SSCF），底物浓度为10%时，可产乙醇为16.81g/L，乙醇的得率为63.39%，与SHF相比，SSCF乙醇产率提高了16.96%；当提高底物浓度时会造成酶解糖化效率降低，但分批补料在一定程度上可提高底物的利用率；在发酵的过程中温度发生改变对发酵效果的影响不是太显著，发酵时转速选择120r/min是最好的。用发酵罐来验证这个实验，当发酵时间为96h时，得到乙醇的浓度为17.65g/L，乙醇的得率为65.52%。

第6章　水解液

第6章　水解液

为了生产木质纤维素，通常采用物理和化学结合的方法，在高温、高压和催化剂中加入稀酸，木质纤维素被水解，在较高的温度下处理木质纤维素，可以得到含糖水的溶液。

在水解过程中，它含有葡萄糖、木糖、阿拉伯糖和其他发酵酒精产生的糖，但由于反应条件恶劣，也含有大量的酒精发酵微生物。毒性作用的抑制剂被称为发酵抑制剂。这些抑制剂的浓度随水解条件的严重程度和木质纤维素的种类而变化。水解液中的抑制剂主要有糠醛、羟甲基糖醛、乙酸、酚类化合物、丁酸、羟基苯甲酸、香兰素等有毒物质。在木质纤维素稀释酸水的酒精发酵过程中，在发酵前预处理水解物是非常重要的，即解毒——降低这些有毒化合物对酒精发酵的影响。

6.1　水解液的化学组成及成分含量

木质纤维素水解液主要分为酸水解液和酶水解液，在酸水解液中发挥作用的是氢离子，而在酶水解液中发挥作用的是微生物。

6.1.1　水解液的化学组成

生物化学水解过程的效果，在一定程度上取决于培养液的化学组成。化学组成的含量密切影响着成品的纯度，其中，水解液的纯度按 RS（P_{RS}）和按单糖（P_{MS}）表示：

$$P_{RS} = \frac{c_{RS}}{c_{ds}} \times 100$$

$$P_{MS} = \frac{c_{MS}}{c_{ds}} \times 100$$

在木糖醇和水解糖的生产过程中，酵母菌也会吸收水解产物中的单糖，同时也吸收有机和无机物质，水解产物中也含有少量有害的抑制剂，用于生化过程。虽然它不影响化学纯度，但它会延缓甚至完全停止微生物的生物活性。

因此，在培养基的生化处理中仅确定 PRs 或 PMs 是不够的，还需要根据酵母生物质、乙醇等产品的产量来确定培养基的生物纯度。也可利用合成的营养介质或经净化并已知特性的水解液进行培养液对比判断。

水解产物中含有的有机质可分为：多糖水解物（单糖、醛酸、乙酸）、单糖分解产物（呋喃衍生物等）、多糖未充分水解的产物（低聚糖）、酚类物质、木质素的低分子组分和木材提取物。

水解产物的基本成分为：氨基酸、单糖和低聚糖、含氧 $C_1 \sim C_6$ 碳化物（醇、酮、酯类、醛类）、有机酸（低级和高级脂肪中的一元和二元羧酸等）、芳香族化合物（酚类、对伞酚烃、木酚素、单宁）、呋喃杂环化合物、萜烯和萜类化合物氢化物以及高分子化合物（木质素腐殖质、可溶性和微分色散木质素），无机物质（H_2SO_4、含硫酸的灰物质和反应产物）等。

6.1.2　水解液的成分含量

水解液中各组分的含量主要取决于原料的化学成分和水解过程的工艺参数（表 6-1-1）。

表 6-1-1　水解过程的工艺参数

成分名称	参数	成分名称	参数
还原物（RS）/%	3.0~3.8	丙醛/（mg/L）	0.7~1.2
单糖/%	2.8~3.8	丙酮/（mg/L）	0.4~2.0
D-葡萄糖	1.3~2.0	甲酸甲酯/（mg/L）	0.6~6.0
D-半乳糖	0.05~0.1	乙酸乙酯/（mg/L）	0.4~0.5
D-甘露糖	0.4~0.7	萜烯类/（mg/L）	0.1~5.0
D-木糖	0.3~0.8	苧烯（C_6H_{16}）/（mg/L）	0.15~0.20
L-阿拉伯糖	0.1~0.2	α-蒎烯/（mg/L）	0.2~0.3
L-鼠李糖	≤0.02		
低聚糖与糊精/%转化前	0.1~0.4	对伞酚羟（异丙基苯甲烷）/（mg/L）	0.8~1.0
低聚糖与糊精/%转化后	0.02~0.03	酚类/（mg/L）	50~50

成分名称	参数	成分名称	参数
糖醛酸/%	0.1~0.3	其中挥发酚类/（mg/L）	2~20
糠醛/%	0.02~0.12	溴化物/（mg/L）	0.2~0.6
5-羟甲基糠醛酸/%	0.03~0.1	木质素腐殖质/（mg/L）	0.15~0.25
乙酰丙酸	0.1~0.3	悬浮物/（mg/L）	0.05~0.1
甲酸	0.03~0.1	胶体物/（mg/L）	0.04~0.8
乙酸	0.2~0.5	总有机物/%	4~5
丙酸	0.01~0.03	COD/（mg/L）	35000~40000
总挥发酸（以乙酸计）	0.3~0.6	BOD/（mg/L）	20000~25000
氨基酸	0.02~0.04	水解液 pH 值	1.0~1.4
甲醇/（mg/L）	20~400	无机盐%	0.1~0.2
乙醇/（mg/L）	5~25	树脂酸、高级脂肪及其他不挥发酸%	0.1~0.2
甲醛/（mg/L）	50~150		
乙醛/（mg/L）	5~25	H_2SO_4/%	0.4~0.7

1. 水解液中单糖组成

当在碱性介质中与菲林溶液共沸时，氧化铜（Ⅱ）$_{CuO}$ 被还原为氧化亚铜。Cu_2O 被称为还原剂（RS）。总 RS 由单糖和还原的"非糖"组成。

在碱性介质中，一个不均匀的平衡系统以游离醛基的形式向开环结构的一端移动。在聚糖中，只有终端单元环才有还原的能力。因此，二糖的还原性是单糖的一半，三糖是单糖的三分之一。

在水解物中含有羰基的物质，即呋喃甲醛及其树脂产物，乙酰丙酸、甲醛和其他醛类和酮类是还原的"非糖"物质。水解产物中平均单糖含量约为85%，其余为还原"非糖"杂质和低聚物。

总 RS 还含有对生化过程有害的物质，因此 RS 的指标只能用于近似评价水解过程的效果和水解产物的质量。为了获得更客观的数据，用气相色谱法和液相色谱法测定出水溶液中真正的单糖含量。

单糖是水解产物的主要成分，其含量为 1.7%～3.5%。这与水解工艺规程和植物原料的种类有关。

对于针叶材料，水解液中己糖的含量为80%～90%，而硬木中己糖的含量约为 60%，见表 6-1-2。

表 6-1-2　水解液单糖组成（占总糖%）

植物种类	水解方法		L-阿拉伯糖	D-木糖	D-葡萄糖	D-甘露糖	D-半乳糖	戊糖：己糖
针叶材	一段渗滤		1.3	8.5	70.0	18.5	1.7	10：90
	二段法	半纤维素水解液	8.0	39.7	23.2	18.7	10.4	52：48
		己糖水解液	1.4	3.2	93.1	2.3	—	5：95
阔叶材	一段渗滤		1.5	38.7	54.0	3.6	2.2	40：60
玉米芯	一段渗滤		4.8	51.0	42.6	—	1.6	56：44

己糖是一种可以发酵成乙醇的糖。在针叶林的水解产物中，可发酵的糖占总 RS 的 75%~80%，而在原料含聚戊糖的水解中，可发酵糖占 60%~65%。

2. 水解液中乙酰的含量

软木材中乙酰的含量为 13%~22%，而硬木（桦木和杨木）的含量为 5.4%~5.8%。

针叶林水解液中含有乙酸 0.1%~0.2%；阔叶材料为 0.3%~0.6%；软木材水解产物中甲醇的含量为 0.02%；在硬木水解液中含量为 0.04%；在农业植物废水中含有 0.019%~0.05%。

3. 水解液中化合物的含量

当水解自蒸发时，冷凝液的挥发组分也包含许多类似的化合物：醇类有乙醇、丙醇、丁醇、异戊醇；醛类有甲醛、乙醛、异戊醛；醚类有乙醚；酯类有甲酸甲酯、甲酸乙酯、乙酸乙酯、乙酸异丁酯、丁酸甲酯、均二乙草酸酯；酮类有丙酮、丁酮、环戊酮、环己酮。

4. 水解液中蛋白质的含量

植物材料中含有少量的蛋白质，而聚合物的成分中也含有一些蛋白质。例如，桦树含有 2%～2.5%的蛋白质，桦树皮的蛋白质含量为 5%～7%。蛋白质和糖朊蛋白水解形成氨基酸。在水解液中，赖氨酸（10～20mg/L）、缬氨酸（10～15mg/L）、胱氨酸（5～10mg/L）、组氨酸（1～2mg/L）、甘氨酸（1～2mg/L）、天冬氨酸、谷氨酸、丙氨酸等。

5. 水解液中维生素的含量

在水解物中也能发现维生素 B 族。这些维生素来源于原料，由于它们的维生素含量不同，它们在水解物中的含量是不同的。

每克 RS 中相应维生素 B 的含量：B1 为 0.3～4.9mg，B5 为 7.2～69mg，B6 为 1.8～2.7mg，B7 为 0.04～0.8mg。

6. 水解液中有毒物质的含量

水解液还含有大量不可吸收和有毒的成分。最毒的成分是呋喃衍生物、酚和萜烯。通常在针叶材料的渗透水解液中，有毒成分的含量为0.02%～0.07%，在硬木和农业废料的水解液中含 0.04%～0.2%。当水解温度升高时，己糖 5-羟甲基糠醛的分解产物会增加。此外，四氢呋喃、2-甲基呋喃、四氢糠醛、乙酰呋喃、5-甲基呋喃、糠醛等，也存在于水解液自蒸发凝析液的挥发组分中。

芳香族化合物，包括苯酚，在木质素热分解和木材提取过程中形成或存在。水解液中毒性最强的单酚含量通常不超过 20mg/L，挥发性酚的浓度随着水解温度的升高而增加，挥发性酚的浓度在洗涤和干燥过程中减少。

加工细分散原料（木屑）采用低速渗滤和小液比水解时，酚类的浓度同样要增加。在水解液和其他中间产物中，发现有以下酚类：苯酚（0.4～1mg/L）、愈疮木酚（0.3～2mg/L）、邻甲苯酚（0.02～0.2mg/L）、间和对甲苯酚（0.03～0.2mg/L）、2，4-二甲苯酚（0.5～1mg/L）、3，5-二甲苯酚（0.002～0.9mg/L）、丁香酚（0.01～0.03mg/L）、顺异丁香酚（0.01～0.03mg/L）、反异丁香酚（0.07～0.6mg/L）以及邻苯二酚、间苯二酚、3，4，5-三甲基苯酚、2，4，6-三甲基苯酚和2，4，5-三甲基苯酚、a-萘酚、对环乙基苯酚、2-苄基苯酚、4-苄基苯酚、3-甲基-5-乙基苯酚。

培养液中酚的浓度为 2～3mg/L，培养液发酵后为 1mg/L；糠醛塔的余馏水中为 1~2mg/L；未净化的废水含 0.5~1.5mg/L，生化法净化后废水含酚量降到 0.3mg/L。

在木材水解液中，除含有低分子酚类外，还含有芳香族化合物的酚类复合体：香草醛、香草酸、香草醇、羟基苯甲酸、4-羟基-3-甲氧基苯乙醛、松柏醛、二羟基松柏醇。而且有些含量很高（达 100mg/L）。例如，在山杨水解液中对羟基苯甲酸、香草酸、香草醛的含量较高。最近的研究表明，发酵后残余物的毒性，主要与含有的不挥发性的芳香族化合物和呋喃类物质有关。

在针叶材水解液中还发现了存在于香精油组成中的萜烯类化合物。萜烯类化合物在水解液中溶液很小，但在水溶液产品中能形成稳定的乳浊液。针叶材自蒸发蒸汽冷凝液中的松节油馏分中含有：蒎烯、莰烯、蒈烯、香叶烯、芋烯、p 水芹烯、r 萜品烯、莳酮、莰酮、乙酸莰酯、异乙酸莰酯、异龙脑（$C_{10}H_{17}OH$）、萜松油品醇、莰醇（龙脑、冰片）等。

7. 水解液中其他萃取物的含量

其他萃取物，在水解时也转入水解液组分中。萃取物的含量以树皮中的单宁含量最高。关于它对发酵过程的影响，尚研究得不够。

水解液中含有具有木质素性质的悬浮物和胶体物质。悬浮物的含量：水解液 0.7~1.0mg/L、中和液 0.2~0.4mg/L、通气处理后的中和液 0.6~0.8mg/L、冷却澄清后的水解糖液 0.3~0.5mg/L。悬浮物和胶体物质使水解液颜色加深。

水解液有色物质的光谱研究表明，糠醛和芳香化合物有最大的吸收光谱。采用凝胶渗透色谱法，可分离出相对分子质量 400~600 的低聚糖组分和相对分子质量大于 20000 的高分子组分。这些化合物的共同特点是含有羧基，呈酸性。用乙酸乙酯从水解液中萃取的木质素腐殖质，含有下列官能团：C—O 为 3.7%~5.8%、—COOH 为 2.8%~10.6%、—OCH$_3$ 为 7.5%~8.5%、—OH 为 13%~17%（其中酚羟基 1%~6%、醇羟基 8%~13%）。

研究水解产物的化学成分和改变不仅对重要的水解产物的后续处理意义重大，还可用于确定工艺参数在水解过程的不同阶段，根据这些数据，优化过程监管的渗流和水解植物材料。

6.2　水解液的发酵

利用乳酸菌或大肠杆菌转化木质纤维素生产乳酸的潜力巨大，但目前仍有许多限制因素。

6.2.1　木质纤维素发酵

到目前为止，还没有发现任何能够降解木质纤维素组分（纤维素或半纤维素）的野生乳酸菌或大肠杆菌。因此，木质纤维素材料的预处理和酶解过程（转化为可由微生物利用的碳水化合物产生乳酸）是必不可少的。图 6-2-1 显示了从木质纤维素中产生乳酸的一般过程。

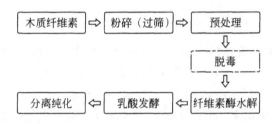

图 6-2-1　木质纤维素发酵流程

木质纤维素的复杂结构和组成使其利用效率远低于传统的蔗糖原料，因此需要对木质纤维素进行预处理，破坏木质纤维素的结构，降低结晶度，提高木质纤维素的酶解效率。虽然许多预处理技术已经开发出来，但不能完全避免副产品的形成。

各种各样的副产物可以抑制纤维素酶的降解效率和乳酸菌的生长和发酵。然而，现有的解毒技术往往需要很高的经济投入，因此预处理过程形成的抑制剂是目前木质纤维素乳酸生产的主要瓶颈。

此外，在预处理产品的酶解过程中，一方面需要各种酶的协同作用；另一方面，现有木质纤维素降解酶的酶解效率较低。

酶的成本已成为木质纤维素原料以低成本生产乳酸的第二大瓶颈问题。木质纤维素的纤维素和半纤维素组分完全水解后，可以产生葡萄糖、木糖、阿拉伯糖、半乳糖等单糖，木糖的含量仅次于葡萄糖，但只有少量的乳酸菌能有效地利用木糖产生乳酸。

因此，如何有效地降低木质纤维素在液体中总糖的利用率，特别是葡萄糖和木糖的同时高效转化，是木质纤维素产生乳酸的第三个主要技术瓶颈。

6.2.2　乳酸发酵性能的研究

纤维素、半纤维素和木质素是木质纤维素最重要的三个组成部分，其中三种是共价键和氢键的交叉连接。长期的自然进化过程，使木质纤维素资源作为植物支架和具有复杂成分和结构的保护性组织及高结晶度的保护组织，形成了对抗微生物和酶的天然屏障。预处理可以破坏木质纤维素的抗降解结构，降低其结晶度，增加原料的空隙率，增加纤维素酶的可达性，去除木质素的保护作用，从而提高木质纤维素酶解的效率。

1. 预处理中抑制物的生成

化学法中稀酸、碱水解和蒸汽爆炸的水解是木质纤维素最常用的预处理技术。然而，在预处理过程中，产生各种不利于微生物生长和乳酸生产的抑制剂是不可避免的。

这些抑制剂主要分为三大类：①弱酸，包括甲酸、乙酸、阿魏酸等；②呋喃类，包括糠醛、羟甲基糠醛等；③酚类，包括对羟基苯甲醛/对羟基苯甲酸、香草醛/香草酸、丁香醛等。

根据图 6-2-2 可知，当纤维素和半纤维素在预处理过程中变成单糖时，6 个羧甲基乙醇进一步降解，产生羟甲基糠醛，5 个碳糖进一步降解产生糠醛，两种副产物可以进一步降解甲酸和其他物质。

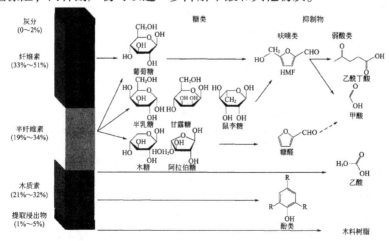

图 6-2-2　木质纤维素预处理中副产物的生成

乙酸直接来源于乙酰基在预处理过程中的水解；木质素是一种酚类物质的聚合物，在水解后直接形成芳香醛和酚酸。副产物的种类和浓度与原料的种类和预处理条件有关。

剧烈的预处理条件可以完全破坏木质纤维素的结构，这有利于后续纤维素酶的降解过程，但是单糖和木质素组分的降解更容易由剧烈的条件引起，并形成更多的副产物。

2. 抑制物的抑制机理及其对乳酸菌代谢的影响

糠醛和羟甲基糠醛含有杂合呋喃环和功能醛基。它是一种强力抑制剂。当浓度超过 3g/L 时，它完全抑制了大肠杆菌的生长。

结果表明，当糠醛浓度大于 2g/L 时，酿酒酵母的生长明显受到抑制。在糠醛和羟基的作用下进一步发现，当甲基糠醛浓度达到 5g/L 时，乙醇浓度降低到 27.7% 和 15.5%。随着糠醛和羟甲基糠醛浓度的增加，Pstipitis 细胞的生长逐渐减少，在此基础上发现了 1.5g/L 糠醛，并降低了 90.4% 的乙醇产量。

许多研究表明，糖醛和羟甲基糖醛的主要抑制作用包括直接抑制代谢酶活性，消耗 NAD（P）H 以及破坏线粒体膜结构。体外研究表明糠醛和羟甲基糠醛直接抑制乙醇脱氢酶、丙酮酸脱氢酶和乙醛脱氢酶的活性。

代谢分析发现，两种呋喃类化合物能抑制糖酵解途径和 TCA 循环，使得细胞产能能力降低。

乙酸和甲酸是木质纤维素预处理过程中最常见的弱酸，而在半纤维素丰富的木质纤维素预处理过程中有机酸含量较多。当乙酸浓度超过 8g/L 时，大肠杆菌 LYO1 的生长性能下降 35%，当乙酸浓度超过 3g/L 时，酿酒酵母的生长完全受到抑制。乙酸的浓度在 2.7g/L 以上，降低了在毕赤酵母中戊糖的利用率。

不同微生物对醋酸的耐受性不同，一些微生物如，热糖精就不受高浓度乙酸的抑制。

在 pH 值条件下，醋酸是一种非离解的形式，可以通过细胞膜。一旦进入细胞，在细胞中 pH 值是 7，醋酸的释放质子的 pH 值下降，导致细胞减少，DNA 和 RNA 合成酶，抑制代谢活动和破坏细胞。

在木质素降解过程中，产生了许多抑制剂，其中包括含有羟基苯基的酚类化合物，在水解产物中含量非常低，但对微生物细胞的生长和代谢有很大的抑制作用。

许多研究发现，低浓度的香兰素和丁香泉完全抑制微生物的生长和新陈代谢。这些酚类化合物的主要抑制机制是破坏和分解生物膜的完整性，从而降低生物膜作为选择性屏障和酶作用载体的能力。

一般来说，芳香环上取代基越小，抑制作用越大。例如，在芳香环上引入甲氧基团，可以显著降低酚类化合物的疏水性，从而降低对酿酒酵母细胞的毒性。

目前，对乳酸菌的生长和木质纤维素抑制剂的乳酸生产性能的研究尚不多见。在过去对几种典型抑制剂对芽孢杆菌生长的影响及 D-乳酸的产生的研究中表明，乙酸并不能抑制乳酸菌的生长和酸性。丁香醛和香兰素的抑制作用明显高于糠醛和羟甲基糠醛的抑制作用，丁香醛的抑制作用最强。

乳酸菌对关键酶的细胞渗漏和代谢活性的影响见表 6-2-1。结果发现，糠醛和羟甲基糠醛几乎不会导致乳酸菌膜的渗漏，而丁香醛对细胞膜有很强的破坏作用。葡萄糖激酶（GK）、6-磷酸果糖激酶（PFK）、丙酮酸激酶（PYK）和乳酸脱氢酶（LDHD）是菌株代谢葡萄糖生成 D-乳酸的关键酶。丁香醛对这些关键酶代谢活性的抑制作用显著（图 6-2-3～图 6-2-5）。

表 6-2-1　不同抑制物对菊糖芽孢乳杆菌膜渗透性的影响

化合物	Mg 离子渗透性（$CHCl_3$ 处理的渗透性记为 100%）			
糠醛	0	1g/L	3g/L	5g/L
	1.3	−2.0	0	3.7
羟甲基糠醛	0g/L	1g/L	3g/L	5g/L
	−0.1	−2.2	1.8	1
香草醛	0g/L	0.5g/L	1g/L	2g/L
	−1.7	1	9.8	67.3
丁香醛	0g/L	0.5g/L	1g/L	2g/L
	0	0	1	2.1

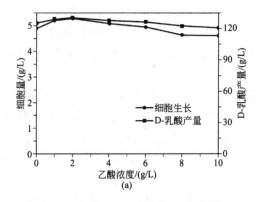

(a)

图 6-2-3　乙酸对菊糖芽孢乳杆菌生长及产酸的影响

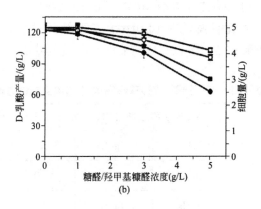

(b)

图 6-2-4　糠醛和羟甲基糠醛对菌株生长及产酸的影响

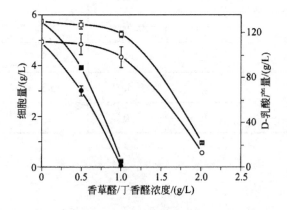

图 6-2-5　丁香醛及香草醛对菌株生长及代谢的影响

6.3　水解液的转化

植物材料半纤维素水解的中间产物——水溶性低聚糖，是在加热原料和渗滤液开始阶段形成的，在排放开始时，低聚糖被包含在水解物中。虽然它不是生化过程的抑制剂，但它不能被酵母菌吸收并转移到废水中。

水解液的转化是水解低聚糖，并将其转化为单糖。转变的目的是提高可吸收糖的产量，从而提高产品的产量。

6.3.1　水解液转化的条件

在酵母和木糖醇的水解中使用了较温和的水解条件。水解液具有低聚糖含量高的特点。该转换过程明显提高了 RS 的收率。水解和乙醇生产应用于较强的水溶条件下，低水解低聚糖，转化效果较差。

在高温、常压或加压条件下，进行了水解液的转化。H_2SO_4 在水解液中用作转化催化剂。转化时间是基于低聚糖的充分水解。

转换后的水解液称为转化溶液，由变流器连续排放，并送入转换罐。这使液位保持在转化器中不变，并保证了转换过程的稳定执行。在水解液储罐中完成了一些企业的改造操作，但一般水解液罐的体积只能容纳 2~2.5h 的水解液量，效果不像变流器那样好。

为了防止变流器中形成蒸汽，必须由表面冷凝器冷凝，形成含 0.2%~0.4% 糠醛的冷凝液，并送到凝结水罐中回收糠醛。

水解产物的中和剂也会排出蒸汽。转炉和中和剂的排放占水解生产蒸汽排出气体总量的 80%，其容积为 2~8kg/t 干料。为了有效地将有害杂质从排放中分离出来，最好使用循环水喷雾洗涤塔而不是表面冷凝器来回收尾气中的 95%~99% 的糠醛。

6.3.2　水解液转化的温压控制

图 6-3-1 是水解产物的预处理过程。在这个过程中，转换过程是结合两个阶段的自我蒸发，低聚糖的转换温度 130℃，是 0.27MPa 的压力，转换时间约 30min，转换器充满系数为 0.8，变换器的体积是 50~200m³（确保转换时间）。

在这样的温度下，水解液停留在转炉上的时间不会太长，否则会发生设备的焦糖化，设备和管道的内表面会出现树脂沉积。这些树脂沉积是由呋喃化合物、单糖分解产物和木质素的缩合形成的。如果转变温度升高，沉积物的数量将急剧增加。

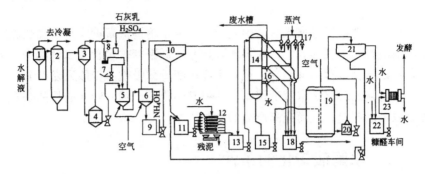

图 6-3-1　水解产物的预处理过程

1——效蒸发器；2—二效蒸发-转化器；3—三效蒸发器；4—水解液储槽；5—中和器；6—养生槽
7—石灰乳搅拌储槽；8—H₂SO₄ 计量槽；9—中和液储槽；10—澄清槽；11—残泥搅拌储槽；
12—压滤机；13—澄清液储槽；14—真空冷却器；15—储槽；16—冷凝器；
17—蒸汽喷射真空泵；18—中和液真空冷却蒸汽冷凝液储槽；19—充气器；
20—空气分离器；21—澄清器；22—澄清糖液储槽；23—冷却器

在转化过程中，约 80% 的低聚糖被水解，因此水解产物中单糖的浓度可增加 0.2% 左右，即水解产物中 RS 的含量增加 5%~10%。同时，酵母菌的抑制剂浓度也降低了，酵母菌的产量提高到 3%~5%。显然，水解液的转化可以提高酒精酵母的产量。

6.4　水解液的中和

中和的主要任务是降低水解产物的酸度。以石灰乳、白乳和氨水作为中和剂，中和过程的 pH 值从 1.3 增加到 3.5。

6.4.1　水解液中和的基本方法

中和反应形成的硫酸钙应与中和液完全分离，以防止石膏从管道和设备中产生。为了提高硫酸钙的分离效果，应采取石膏定向结晶中和、水解液的并流中和来取代中和。

在酵母生产中，石灰乳和氨水的两级定向石膏结晶和中和过程（NH₃

含量不低于 25%）得到了广泛的应用。一些制造商还使用氨水来中和它们。氨中和的缺点是在水解液中过量的氮，使中和剂中氮化合物的含量达到 700mg/L（以氮计）或更高，对发酵过程有不良影响。

6.4.2　两段法中和

在连续设备中进行了两阶段水解的中和过程（一些在间歇设备中进行）。在 80~85℃，中和用石灰乳和氨作为中和剂。为了防止石膏连续运行，两套设备交替使用。设备的体积应能满足 1H 水解物的量。

从图 6-3-1 可以看出，水解液从储槽 4 中进入中和器 5，从搅拌槽 7 中加入石灰乳到中和器 5 中，在进入养生槽 6 时加入氨水。

添加的石灰乳应与硫酸完全中和。当硫酸浓度为 0.4%~0.6% 时，硫酸的实际中和作用在 pH 值 3.0~3.2 中完成。有机酸主要是乙酸，在氨水中中和 pH 值为 4.0~4.5，中和溶液中的残余有机酸约为 0.15%。中和罐中水解产物的总停留时间为 30~60min。

为了防止局部过量碱对单糖的分解，应充分搅拌水解液和中和剂。它可以通过机械搅拌器或空气搅动，搅动一些木质素，提高水解产物的质量，但这种方法的使用必须净化空气中的糠醛和其他挥发性物质。当离心泵用于吸入氨时，也能有效中和。

中和过程形成沉淀残留物——硫酸钙和可溶性的有机酸铵盐。当中和时，析出物必须与系统分离。可溶性有机酸及其铵盐可以在大多数生化过程中被吸收，所以不需要分离它们。

中和反应很快，可以在几秒钟内完成。中和液在槽中停留了很长时间，从而增加了硫酸钙晶体，澄清后容易分离。当溶液温度较高且干物质浓度较大时，硫酸钙的溶解度会降低，从而导致后续处理设备和管路的石膏化。中和过程必须在低于 80℃ 的温度下进行。

6.4.3　定向结晶的分析

为了获得硫酸钙的饱和溶液，必须有足够的结晶时间，这取决于结晶速率。

结晶速率受溶液的过饱和和结晶中心（晶种）的影响。为了提高 $CaSO_4 \cdot 2H_2O$ 的结晶速度，应将 $CaSO_4 \cdot 2H_2O$ 晶体引入到中和溶液中。晶体的制备方法是从 H_2SO_4（图 6-3-1 中 8）中加入硫酸到石灰乳中。当添加 $CaSO_4 \cdot 2H_2O$ 晶体时，中和可以继续按照相同的晶体变化生长。这些条件下的结晶过程称为石膏的定向结晶。

在定向结晶法中，硫酸的平均消耗量为：干燥原料的 0.3%，除了在石灰乳中加入硫酸的方法外，还可以用营养盐的形式将晶体的形成添加到硫酸氨中，每 m^3 水解的硫酸氨的量为 0.25kg。除了在中和槽中形成硫酸钙外，还形成了 $NH_3 \cdot H_2O$。水箱的蒸发可以用来减少氨的蒸发，可降低氨的蒸发损耗量。

当用镁石灰中和水解液时，硫酸钙和硫酸镁的混合物会恶化硫酸钙的结晶条件。

木质素腐殖质胶体溶液可以提高硫酸钙过饱和溶液的稳定性。它可以吸附在细胞核表面，降低其活性，延缓结晶速度。定向石膏结晶法可以使 $CaSO_4$ 在饱和溶液附近的中和过程中进行，在很大程度上消除了后续设备的灰泥。根据实际生产资料，在中和溶液中 $CaSO_4$ 浓度为 0.22% ~ 0.24%，对应的过饱和率为 20%。

为了减少中和剂中 $CaSO_4$ 的浓度，在工业生产中使用了两种平行流体来中和水解产物。第一个水解物流在两个阶段中被中和（石灰乳和氨），第二股流体被氨中和。中和液澄清沉淀后，两种液流合并和净化。两种液体流动比例：前者占总水量的 70% ~ 80%，后者占总水量的 20% ~ 30%。

对比实验表明，溶解 $CaSO_4$ 的平均浓度为 0.32%，中和液中可溶性 $CaSO_4$ 的过饱和率为 0.064%，两段结晶时相应的指标分别为 0.366% 和 0.084%。

取代中和法可以将水解产物中 $CaSO_4$ 的含量降低到 0.01% ~ 0.02%。该方法首先将磷酸盐加入中和液中，用氨水中和中和剂，分离形成的磷酸钙沉淀。

图 6-4-1 的数据表明，大量的钙盐沉淀，当 pH 值从 6.5 增大到 7，变成 $Ca(H_2PO_4)_2$，随着 $CaHPO_4$ 和 $Ca_3(PO_4)_2$ 与 pH 值的增加，后来的两种盐的溶解度小于硫酸钙的溶解度。

溶液中的重金属以磷酸盐的形式沉淀，而不是中和。对原酵母中铅和镉的含量进行了比较，替代中和法为 0.5 和 0.2；两段中和法为 1 和 0.4；氨中和法为 2 和 1。

由于氟和磷酸钙的不溶性化合物的形成，酵母中的氟含量降低。在发酵培养基中，酵母中氟的含量为 1mg/kg，中和液中为 0.45mg/kg；发酵培养液中为 0.36mg/kg，而两段中和时相应的指标分别为 8.8、2.5 和 2.55。当氨被中和时，分别是 11.2、5.9 和 4.8。在此基础上，取代中和法优于两阶段中和法和氨中和法。

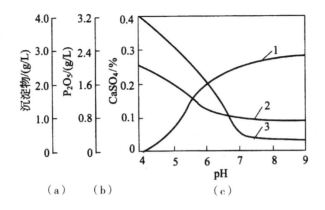

图 6-4-1　随 pH 值增加，中和液成分含量的变化

（a）—无机物沉淀；（b）—溶解的磷酸盐（以 P_2O_5 计）

（c）—溶液中的硫酸钙

然而，替代中和法也有其缺点：①中和剂中有用的微量元素（Mg、Fe、Zn、Cu、Mn）也形成不溶性磷酸盐和沉淀，即补充镁和锌。②增加磷酸盐的消耗。③培养基中糖溶液较强。

一般来说，替代中和法可以有效地去除糖溶液中的钙、氟和有害重金属，具有广阔的发展前景。

6.4.4　无机营养盐添加

无机营养在培养酵母中起着重要的作用。虽然植物材料的水解物含有必要的微量元素，但氮、磷、钾的含量较低。这意味着在培养基中添加营养物质，农业植物垃圾中的灰分含量较高，其水解液通常不添加钙盐。除N、P、K 外，用光谱法测得水解液中还含有 Ca、Si、Mg、Fe、Na、Al、Mn、Sr、Zn、Cu、Ti、Cr、Ni、I、V、La、Pb、Ag、Mo、Co、Er、Cd、Rb（排列顺序为含量逐渐减少）。

在水解过程中，营养液通常加入中和溶液中，数量为每 t 酵母 90kg 氮、48kg 磷（P_2O_5 计）、35kg 钾。

含磷盐一般在水中几乎没有溶解度。含磷营养液的制备方法是在 50℃～70℃之间进行 6～8h 的水提取。当固液比为 1∶2 时，萃取率大于 90%。约需进行 10 次循环，一次循环即可达到 90%～95% 的浸提度。

为了提高磷酸钙的溶解度，一些企业为水解液和原料添加了营养物质。此外，在过磷酸钙中通常含有一定量的氟，这增加了水解产物的氟化物含量（高达 30mg/L）。

为了降低氟含量，必须制备高浓度的过磷酸钙，通过长时间沉淀和过滤，生产出透明的萃取溶液。这样，低溶解度的氟化合物和重金属盐只能部分地转移到溶液中。大多数（80%~88%）氟化物都有残留。

大多数企业使用无机肥料，少数企业使用工业产品或无机饲料添加剂的 N、P、K，一些企业使用 H_3PO_4、磷酸二氢铵、磷酸二氢钙，以及少量磷酸钠和磷酸二氢钠作为补充磷源。饲料添加剂、畜牧业可以作为一种不含氟和过磷酸的营养盐。必须将磷酸盐植物用于封闭循环水的酵母菌中，否则大量的有毒物质会在循环水中积累，从而降低产品的质量。

饲料磷酸钙有三种类型的产品：磷酸二氢钙、磷酸氢钙和磷酸钙。磷酸二氢钙在水解酵母的生产中具有最佳的效果，因为其磷含量高于其他两种，且其水溶性好，易于制备。

大多数企业使用硫酸氨作为养分的氮源。在一般企业中，氯化钾作为钾的来源。为了防止废水中氯的积累，硫酸钾被认为是钾的营养来源。

6.4.5 中和液的净化和冷却

1. 中和液沉淀澄清

中和反应后，悬浮物的含量可增加 9~10 倍。针叶中和液中悬浮物的含量为 0.5%~0.7%（5~7g/L），硬木叶片悬浮物含量为 0.9%~1.1%。

80% 的悬浮物是由 $CaSO_4 \cdot 2H_2O$ 组成的，其余的是精细分散的木质素和木质素腐殖质。

当用氨水中和水解液时，悬浮物的含量为 0.1%~0.2%。这些悬浮物基本上是由有机物组成的，悬架由一个澄清器隔开。

2. 中和液真空冷却

如果不通过中和液体进行通风，则需要将澄清的中和液冷却至 45℃ 或冷却至发酵温度。

澄清的中和液在连续串联四效真空蒸发器中冷却（图 6-3-1）。压力降低的第一个效果是 0.03MPa，第二个效果 0.015MPa，第三个效果 0.01MPa，第四个效果是 0.006~0.008MPa。

中和液的温度从一个有效的 76℃ 降低到 4 个有效的 45℃。中和液从蒸发器的第四个作用到空气压力管的第 15 罐。每个效果所需的真空度由蒸汽喷射真空泵保持在 17 中。在冷凝器 16 中产生的蒸汽，在槽 18 中收集含有糠醛的冷凝物，然后送到糠醛车间生产糠醛。

中和液通过真空冷却，不仅降低了温度，还因为糠醛、甲基糠醛、萜烯等挥发性杂质的蒸发（糠醛蒸发量为 33%~40%，甲基糠醛蒸发量为 20%~30%，萜烯蒸发量为 10%~20%），中和液的纯度得到了提高。凝析液的收率为原中和液的 7%~8%。

冷却水经过传热，温度约为 60℃，并被输送到水解车间制备水解用的酸。

3. 中和液气吹与冷沉淀

胶体可溶性木质素对酵母的发酵过程有不利影响。这些物质吸附在细胞壁表面，破坏代谢过程，污染商品。在中和过程中，水解液 pH 值的增加促进了胶体物质的聚集，当进一步冷却时，这种凝结将继续。中和液从 80℃~85℃ 至 35℃~45℃，悬浮物的含量也增加到 0.03%。

它是中和胶体物质的一种有效方法，并通过中和液中和液体而成为悬浮物。

为了浓缩木质素的胶体，冷却中和剂被送至充气器 19（图 6-3-1），全空气，空气消耗量 40~50m³，通风时间 4h，中和溶液 pH 值小于 4。如果 pH>4 会增加培养基的发泡能力和杂合细菌感染的可能性，提高中和液的温度（45℃）可以防止杂合细菌的生长。

气吹是在容积为 600m³ 或 1300m³ 的充气器中进行的。通入空气，可使培养液中悬浮物的浓度增加 0.5~1 倍（达 1~1.2g/L），于澄清器 21 中沉降 3.5h，残存的悬浮物含量降到 0.3~0.5g/L。冷却器 23 用于将培养液温度降到发酵温度。这样，可从水解液中除去的木质素腐殖质胶体物占其最初含量的 30%~35%；中和液热沉淀可除去 20%~25%。在中和液的总净化和冷却阶段，RS 的总损耗量为 3%~6%。

除了木素腐殖质的混凝作用外，糠醛和其他挥发性杂质也通过蒸发部分分离。因此，通过这个过程可以增加酵母的产量，占可吸收糖的 1%~3%。

在酒精生产中，木质素腐殖质对酵母形成酒精的作用不大，一般不透气和提纯。然而，在酒精酵母工厂里，由于酒精和酵母是在相同的液体流动中产生的，所以需要进行通风和净化操作。

在酵母生产中，培养基制备的最终过程是稀释水，以减少有害物质的浓度。当培养基中 RS 的浓度从 3.2% 降到 1.6% 时，相应有害物质的浓度也降低了 1/2。

稀释培养基，增加液体流量，增加能源消耗，在费用上是不经济的。

如果将培养基的稀释过程从工艺过程中去除，则必须加强净化深度和传质过程。

在酒精生产中，酒精的生产效率随着培养基中 RS 浓度的增加而增加，因此不需要稀释。

4. 培养液的絮凝净化

水解液中胶体和悬浮物的稳定性不同。当水解液冷却后，在中和条件下 pH 值发生变化，并沉淀出水解产物中的一些残基。然而，由于大多数木质素胶体具有较高的稳定性，在处理后的溶液中仍存在水解产物，导致酵母产量下降，酵母质量下降。木质素腐殖质的这一特性与中和反应、通气冲击和颗粒大小有关。

絮凝是破坏胶体聚集稳定性的有效途径。该方法是在系统中加入水溶性高分子表面活性剂，形成胶体絮凝体。根据比较，阳离子絮凝剂具有很好的效果，如聚二甲基二烯丙基氯化铵。

在加热澄清前，将 1% 浓度的絮凝剂水溶液加入中和溶液中，或在冷澄清前通过通气吹入中和液，其消耗量为 $40g/m^3$。

添加絮凝剂必须充分搅拌，用中和液搅拌，以提高纯化效果。在这种情况下，所有絮凝剂与胶体结合，从中和液中析出，形成粗、密的絮凝沉淀，沉淀率高。中和液体冷却的时间从 240min 降低到 30~60min，悬浮物的含量为一般工艺的 1/6；而热澄清的内容悬浮物下降到 1/9 到 1/21（取决于澄清器的工序）。

图 6-4-2 的数据在冷沉淀（40℃）时，加入 30mg/L 絮凝剂时中和液中悬浮物质的沉淀效果，在中和液通气吹之后进行沉淀悬浮物，得到图中的曲线。

上述方法必须共同使用，以确保胶体和悬浮物从中和液中去除。从图 6-4-2 和图 6-4-3 可以看出，当中和和真空冷却、曝气和絮凝在热和冷澄清中直接被破坏时，木质素的腐殖质胶体直接被残泥所破坏。

在工业应用中，可以通过絮凝法纯化中和溶液，使干酵母的真正蛋白质含量从 2% 增加到 4%（产量从 39%~42% 增加到 45%~46%）。由于提高了酵母的质量，经济效益则可以提高。

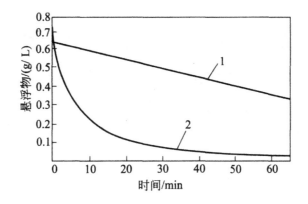

图 6-4-2 中和液悬浮物的沉淀作用

1—通气后；2—絮凝后

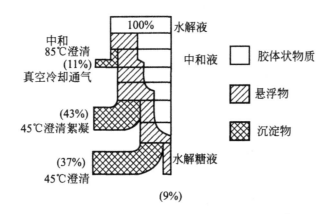

图 6-4-3 制备水解糖液时胶体与悬浮物质相对含量的变化

第 7 章　木质纤维素预处理过程中抑制物的形成及降低其毒性的策略

第7章 木质纤维素预处理过程中抑制物的形成及降低其毒性的策略

7.1 概述

石油和煤炭开采导致化石资源日益减少和环境污染加重，因此有必要去考虑逐步向生物经济过渡。虽然未来的能源供应可能有比较大的选择余地，例如风能、水能、太阳能和生物质等，但化学品的生产将越来越依赖于植物生物质。来自农业和林业的木质纤维素，包括农业废弃物、林业废弃物、能源作物、城市固体废物和其他材料，是最丰富的生物资源，可作为炼油厂的补充生物炼制原料，作为燃料和平台化合物的来源。

在生物炼制中利用木质纤维素进行生物转化需要进行预处理，以破坏植物细胞壁主要成分之间的紧密关联。预处理清除了物理和化学障碍，使纤维素易于被酶水解，这是基于糖平台概念的纤维素生化处理的关键步骤。这种效果是通过增溶半纤维素和（或）木质素来增加可及性的纤维素表面积来实现的。

预处理在消除纤维素的外层包埋的同时，也会发生一些副反应，这些副反应导致抑制物的产生，这些抑制物对后面的酶解和发酵微生物有明显的负面作用。尤其是当水在重复循环使用或者为了得到高浓度产物而提高纤维素原料的处理浓度时，这些抑制物浓度会大幅度提高，抑制问题变得更加显著。

近年来，已经有不少这方面的综述文章。本章的目的是简要介绍不同类型抑制物质的来源和特性的最新概况，并重点研究可用于缓解抑制问题的各种策略（表7-1-1）。

表 7-1-1　木质纤维素原料酶解前预处理方法总述

预处理方法	主要效果	所用化学物质	副产物
酸法	水解半纤维素成单糖	涉及催化剂，如：硫酸、二氧化硫、盐酸、磷酸	脂肪族的羧酸、苯基的化合物、呋喃等
水热过程	半纤维素不完全水解的增溶作用	没有添加物	乙酸、少量呋喃醛
弱碱性方法	木质素和少量半纤维素的去除	碱，如 $NaOH$、$Ca(OH)_2$、NH_3	乙酸、羟基酸、二羧酸、酚类化合物
氧化方法	去除木质素和部分半纤维素	包括氧化剂，如 H_2O_2、O_2（碱性条件）和 O_3	醛糖酸和醛酸、糠酸、酚酸、乙酸
化学制浆工艺	以木质素和部分半纤维素为目标	硫酸盐法制浆、亚硫酸盐法制浆、苏打法制浆、有机溶剂法制浆	脂肪酸
离子液体/替代溶剂预处理	具有解散木质纤维素组分或整个生物质	离子液体	取决于溶剂和条件

7.2　预处理

　　预处理过程中当半纤维素和（或）木质素溶解和降解时，大多数木质纤维素来源的抑制物会形成。浸提物和纤维素也是其他抑制物的来源，因为抑制物质的形成在很大程度上取决于预处理过程。

7.2.1 酸水解法

酸水解是工业上最有前途的预处理方法之一。它通常用无机酸进行，但有机酸和二氧化硫也是一个选择。对多种木质纤维素生物质进行稀硫酸预处理的研究报告非常多。酸水解法可以使预处理液体中的半纤维素高效回收，也可以得到较高酶解转化率的纤维素固体组分。酸预处理也有一些缺点，例如用于反应器建造的材料成本高，亚硫酸处理后的中和过程中石膏的形成，形成抑制性副产物。

蒸汽爆破是一种成功的预处理方法，即先用过热蒸汽加热木质纤维素，然后再突然解压。高压蒸汽会使细胞壁结构发生变化，生成浆状物，浆状物在过滤后滤液中含有半纤维素，滤饼中含有木质素和半纤维素残渣。蒸汽爆破法可以用酸性催化剂例如硫酸或二氧化硫来辅助进行。如果不使用辅助剂，则该方法通过自水解来催化。从半纤维素降解中释放出来的乙酸和糖醛酸以及从糖降解中生成的甲酸和乙酰丙酸有助于酸化，并可抑制下游的生物化学反应。

木质素是酚类化合物的主要来源。呋喃醛和脂肪酸的测定比较简单，而酚类化合物的定性定量相对就比较难。色谱图显示了挪威云杉水解液中酚类化合物 LC-MS 谱图。

7.2.2 水热处理

水热加工是一种利用液相或气相水预处理木质纤维素生物质的方法。它是一种相对温和的预处理方法，不需要任何催化剂，也不会导致严重腐蚀问题。

在高压下，水渗透到生物质中，水合纤维素，并除去大部分半纤维素和少量木质素，半纤维素的溶解是由水自电离产生的水合氢离子催化的，控制 pH 值在中性值附近可减少发酵抑制物的形成。

7.2.3 弱碱性方法

碱处理可用于除去木质素，提高纤维素的转化率。与酸和水热过程相比，弱碱性预处理，可以减少半纤维素的溶解和抑制物的形成，它们可在较低温度下操作。氢氧化钠和氢氧化钾是最常用的碱，但由于成本受到严重的限制，其他合适的碱有氢氧化钙和氨水，可用于各种工艺，如氨回收渗流（ARP）和氨纤维膨胀（AFEX）。

7.2.4 氧化方法

使用氧化剂预处理木质纤维素生物可降低纤维素结晶度和破坏碳水化合物与木质素之间的结合。这些方法包括碱性过氧化物预处理、臭氧分解和湿氧化。湿氧化是通过在高温下用水和空气或氧气处理生物质相对短的时间来实现的。半纤维素大部分被溶解并主要以低聚糖的形式回收。木质素被破碎并氧化成脂肪酸和酚类化合物。湿氧化与碱性化合物的结合使用会减少呋喃和酚醛的形成。

7.2.5 化学制浆工艺

虽然制浆工艺主要用于造纸和纤维素衍生物的生产，但乙醇生产与纸浆厂的整合已在商业规模上得到证明可行。化学制浆可用于软木和硬木，所用的主要技术是硫酸盐和亚硫酸盐制浆。在硫酸盐制浆工艺中，用到 NaOH 和 Na_2S，木质素和部分半纤维素被降解到黑液中，其通常用于能源目的。在基于亚硫酸氢盐和亚硫酸盐的亚硫酸盐制浆中，半纤维素被水解并被移除到亚硫酸盐预处理废液中。而纤维素几乎保持完整。来源于软木的亚硫酸盐预处理废液富含六碳糖，可以通过酿酒酵母转化为乙醇，而硬木来源的预处理废液由于其高戊糖含量而更难发酵。一种新开发的改良的亚硫酸盐制浆，被称为 BALI™ 工艺，可从软木、硬木和农业剩余物中产生易于转化的纤维素。其特征在于发酵抑制剂的生成量低。另一种基于亚硫酸盐的方法是 SPORL，其过程包括亚硫酸盐处理和机械破碎，在 SPORL 预处理中，半纤维素水解成糖，抑制物的形成不多。

碱法制浆是一种典型的非木材制浆方法，其无机原料含量比木材高。与硫酸盐法制浆和亚硫酸盐法制浆相比，它不需要含硫化学品。

在最初作为常规化学制浆工艺的替代方案而研究的有机溶剂预处理中，有机溶剂用于溶解木质素。预处理通常在 200℃ 下进行，但如果使用酸催化，该方法可以在较低的温度下进行。溶剂必须从系统中除去以避免抑制酶水解和发酵，并应循环使用以降低操作成本。最经济的选择是使用低分子量的醇，但是使用挥发性和易燃溶剂的操作风险激发了人们对非挥发性有机化合物的兴趣。

7.2.6　离子液体预处理

离子液体的使用是木质纤维素预处理的另一种替代方法。离子液体破坏木质纤维素组分之间的非共价相互作用而不导致明显降解。离子液体处理得到的纤维素酶解转化率明显提高。工业应用的离子液体需要开发节能回收方法，以及从预处理液中回收半纤维素和木质素的有效策略。尽管抑制剂的形成是有限的，但在加工过的材料中残留的少量的离子液体对酶和微生物有潜在的毒性。

7.3　原料成分和副产物形成

通常假定木质纤维素原料中纤维素占40%左右，木质素占30%，半纤维素和其他多糖占26%。虽然纤维素是大多数类型纤维素生物质的均匀组分，但半纤维素和木质素的比例和组成在物种之间不同。原料之间的化学差异对预处理过程中抑制剂的形成有重要影响。

7.3.1　葡聚糖

纤维素是植物细胞的结构基础，是由β-1，4糖苷键连接的葡糖酐单元连接而成的线性多糖。在天然纤维素中，聚合物化程度可高达15000，且形成用氢键来稳定的微纤丝，因此使大分子高度结晶且难以水解。无定形区包括少量天然纤维素和交替的结晶区。

另一种比较受关注的葡聚糖是淀粉，它是植物中主要的储备多糖。在淀粉中，脱水葡萄糖单元通过α-1，4糖苷键连接，该糖苷键易于拆分，因此水解可以在相对温和的条件下进行。

7.3.2　半纤维素

与纤维素不同的是，半纤维素是杂多糖，它们通常是带支链的，聚合度低，并且易水解。软木半纤维素主要是O-乙酰半乳甘露聚糖和阿拉伯-4-O-甲基葡萄糖醛酸-D-木聚糖，而硬木中O-乙酰-4-O-甲基葡萄糖醛酸-D-木聚糖是最相关的。在一年生植物中，最重要的半纤维素种类是阿拉伯糖-（O-乙酰基-4-O-甲基葡萄糖醛酸基）-D-木聚糖，其还具有连接到阿拉伯糖部分的对香豆酸和阿魏酸。半纤维素骨架的水解损失导致戊糖的形成（主要在硬木和一年生植物中）、己糖（主要在软木中）和糖醛酸。乙酰基水解产生的乙酸是硬木和一年生植物水解产物的另一重要成分。此外，在一年生植物预处理过程中形成的半纤维素水合状态通常含有酚酸。

7.3.3　木质素和酯化酚

木质素是由苯丙基丙烷单元组成的复杂的芳香族聚合物，占木材干重的 25%~39%，硬木的 17%~32%，软木木质素主要由愈创木基组成。硬木木质素主要含有紫丁香基单元，但也含有大量愈创木基单元。除愈创木基和丁香酰基单元外，一年生植物的木质素还含有对羟基苯基单元，类苯丙基单元通过醚键和碳-碳键的复杂网络连接。木质素将细胞壁成分结合在一起，使木质纤维素生物质具有结构完整性。

与木质纤维素相关的其他酚类化合物是对香豆酸、阿魏酸和二聚阿魏酸，他们是典型的禾本科植物。它们不是木质素组分，而是有助于与半纤维素交联。它们被酯化成阿拉伯-木聚糖和与木质素连接的醚或酯。

7.3.4　浸提物

木材提取物是一组异质化合物，可以用极性或非极性溶剂提取。它们由萜烯、脂肪、蜡和酚组成，它们的含量和组成因物种、地点和季节而异。它们的量很少，但对某些生物特性，如颜色、气味和寄生虫防护至关重要。

7.3.5　无机成分

木材中无机物的含量测定为样品焚烧后剩余的灰分。温带木材灰分约占 0.1%~1%，热带树种大约占 5%，一些农业残渣灰分含量超过 15%。土壤污染可部分影响农业废渣的灰分含量。

7.3.6　副产物的形成

在生物质预处理期间，为了获得较好的纤维素转化率，控制操作条件以从纤维素基质中除去半纤维素和（或）木质素。然而，在目标优化时，其他因素也受到影响。例如，为提高半纤维素和（或）木脂素溶解度而使用严苛条件，这会不可避免地导致溶解片段的降解。产生的对下游生物催化过程有抑制作用的副产物的数量和性质与预处理方法和条件是直接相关的。

1. 酸性条件

在酸水解、酸预处理和亚硫酸盐制浆等典型工艺的酸性条件下，由半纤维素水解产生的戊糖和糖醛酸脱水形成 2-呋喃醛，即糠醛，而己糖脱水成 5-羟甲基-2-呋喃醛，又称为 HMF。在苛刻的预处理条件下，如较长的反应时间、高温和酸浓度，HMF 进一步降解为乙酰丙酸和甲酸，作为 HMF，糠醛在脱水介质中也是不稳定的，并且可以进一步降解为甲酸和随着树脂的形成而发生缩合反应。乙酸不是糖降解产物，而是半纤维素的乙酰基团水解的结果，是生物质酸性处理的液体中发现的另一种酸。

根据生物质的种类和处理条件。木材酸预处理过程中形成的最常见的酚类物质有 4-羟基苯甲酸、4-羟基苯甲醛、香草醛、二氢松柏醇、松柏醛、丁香醛、丁香酸。酚酸，如对香豆酸和阿魏酸，是一年生植物预处理中的常见产物。

由于提取物的一部分是酚类化合物，木质纤维素水解产物中的一些酚类化合物可能来源于提取物。虽然许多脂肪提取物会沉淀并随滤饼一起除去，但水解产物中仍残留一些可溶性酚。来自可水解单宁的邻苯三酚和没食子酸存在于硬木亚硫酸盐预处理废液中，没食子酸也存在于预处理过的纤维素中。

除了酚类化合物之外，在木质纤维素水解产物中还发现了非酚芳族化合物，例如苯甲酸、苯甲醇、肉桂酸、肉桂醛、3,4-二甲氧基-肉桂酸以及对甲苯酸和邻甲苯酸。与酚类化合物一起，这些非酚类芳族化合物是木质纤维素水解产物的苯基成分。

因为氢醌和儿茶酚都存在于水解产物中，有个假设就是水解液中也含有对苯二醌和邻苯二醌。由酚类化合物形成苯醌可能在预处理期间发生。最近发现了预处理生物质中对苯醌的毒性浓度。

除呋喃醛和苯基醛外，在预处理过程中很可能形成小的脂族醛。因为他们是挥发性的并且可能蒸发。需要进行更多的研究，以了解脂肪族醛脱氢酶的意义。最近的研究发现，在酸性条件下预处理后的生物质中普遍存在小的脂肪醛。

金属离子也可以在生物质的酸性处理过程中形成。酸性条件会引起预处理设备的腐蚀，导致铜、镍、铬和铁等重金属离子的释放，这些重金属离子可抑制发酵微生物，另外一些离子如钠、钙和镁等，它们可来自预处理化学品或来自 pH 值调节。

大多数上述产物也可在水热预处理过程中形成，虽然其量低于酸预处理。水热预处理通常在接近中性的 pH 值下开始，但随着反应的进行而酸化，并释放乙酸和糖醛酸。

2. 碱性条件

在碱性条件下，碳水化合物的预处理比在低 pH 值下更好，但也发生一些降解，导致羧酸的形成。碱处理过程中的剥离反应导致末端降解具有糖酸形成的多糖，以及一定量的乳酸、甲酸和不同的二羟基和二羧酸。乙酸由乙酰基皂化形成，是碱处理的另一典型产物。还形成酚类化合物，并且在诸如碱性湿氧化的过程中，它们被进一步氧化成羧酸。

3. 氧化条件

制浆过程中氧化反应的发生导致葡萄糖和葡萄糖酸的形成。在亚硫酸盐法制浆过程中，4-O-甲基葡萄糖醛酸的脱甲基化导致葡萄糖醛酸的形成，进而导致脱羧和氧化导致木糖酸的形成。

在碱湿氧化下，木质素和碳水化合物降解产生的酚类化合物和呋喃醛可以进一步反应。酚氧化成不同的羧酸，糠醛氧化成糠酸。此外，苯基丙烷侧链的氧化裂解衍生物产生酚酸，例如 4-羟基苯酚、香草酸和丁香酸。

7.4　抑制效应

7.4.1　抑制微生物

在酸性条件下预处理木质纤维素的副产物可根据化学功能、来源和对发酵微生物的影响来分类。碳水化合物降解产物，例如普通脂肪族羧酸乙酸、甲酸和乙酰丙酸以及呋喃醛糠醛和羟甲基糠醛显示出相对低的毒性，但是可以根据预处理条件和原料种类高浓度存在。

Larsson 等人研究了挪威云杉水解液中乙酸、甲酸和乙酰丙酸的浓度和作用以及对酵母发酵的影响，他们发现需要约 100mM 的浓度才能有抑制作用，由于乙酰基含量低，软木水解液具有相对低浓度的乙酸。糖的消耗中甲酸和乙酰丙酸会产生，因此需要控制预处理条件以使这些酸的形成量最小。预处理木材中脂肪族羧酸的浓度可能很低是刺激而不是抑制乙醇的形成。由于呼吸链的解偶联和 ADP 的氧化磷酸化导致以增加 ATP 生成糖酵解活性提高，生物量形成减少，硬木和农业剩余物的使用以高乙酰基含量为原料及其开发高固体含量的方法，脂肪族羧酸的抑制作用更为重要。芳族羧酸存在于苯基化合物组中。其包括酚性芳族羧酸（例如阿魏酸和 4-羟基苯甲酸）和非酚性芳族羧酸（例如肉桂酸）。芳族羧酸与其他苯基化合物而与脂族羧酸分类在一起是有充分理由的。根据一些芳香酸类苯丙素结构的建议，以及存在 S（紫丁香基）、G（愈创木基）、H（4-羟基苯基）部分，这些化合物来源于木质素或酯化酚的水解。此外，与碳水化合物来源的脂族羧酸相比，每种芳族羧酸在木质纤维素中以相对低的浓度存在，他们的抑制作用通常强于脂肪族羧酸。例如拉尔森等人发现阿魏酸在 0.20g/L（1.0mM）时会对酿酒酵母有抑制作用。通过这些实验判断，阿魏酸的抑制作用倾向于在比普通脂肪族羧酸乙酸、甲酸和乙酰丙酸低两个数量级的浓度下发生。而预处理的玉米秸秆含有高达 6.6mg/L（0.033mM）阿魏酸。在甘蔗渣水解产物中发现高达 210mg/L（1.1mM）。因此，尽管浓度比普通脂肪族羧酸低得多，但抑制作用主要来自芳香羧酸。

至于甲酸和乙酰丙酸，呋喃醛的形成意味着糖产率降低。因此希望在预处理过程中尽量减少它们的形成。对预处理过的玉米秸秆、杨树和松树的分析表明，羟甲基糠醛浓度可达 0.17g/L（1.3mM），糠醛浓度也可达 0.22g/L（2.3mM）。拉尔森等人发现高达约 50mM 羟甲基糠醛和高达约 40 mM 的糠醛，在挪威云杉的酸水解产物中，使用这些浓度用于抑制研究发现糠醛在 0.5~4g/L（5~40mM）范围内对酿酒酵母的抑制作用。而呋喃醛在某些情况下可以以相对高的浓度（例如几十 mM，几 g/L）存在。抑制作用低于芳族醛，例如松柏醛。拉尔森等人在水解产物中发现 35mg/L（0.2mM）松柏醛。已经发现对酿酒酵母的抑制作用的浓度为 0.02g/L（0.1mM）。除松柏醛外，木质纤维素水解产物通常含有许多芳香醛，这些芳香醛对微生物有抑制作用。芳香醛和其他芳香物质的抑制作用各不相同，可以根据它们的官能团进行预测。醛的抑制作用似乎与羧酸的抑制作用类似，因为碳水化合物衍生的呋喃醛可以以相对高的浓度存在，但毒性较低。虽然木质素衍生的芳香醛毒性相对较高，但水解产物的浓度通常较低。

在酸性条件下可通过预处理暂时形成的其他抑制化合物包括醌类和脂肪醛，尽管在木质纤维素水解产物中化合物含量的存在值得进一步注意，但很明显，化合物如苯醌对酵母具有强烈的抑制作用。在酿酒酵母中加入

20mg/L 苯并醌足以完全抑制酵母生长和乙醇形成。

7.4.2 纤维素降解酶的抑制

纤维素分解酶的催化作用可以因为与固体部分如木质素和半纤维素的非特异性结合而受到抑制。添加牛血清白蛋白对纤维素酶水解的保护作用是由于防止纤维素酶与木质素的非特异性结合。

纤维素酶的抑制也是由预处理液中的可溶性碳水化合物和芳香物质引起的。单糖（如葡萄糖）和双糖（如纤维二糖）等的产物抑制是众所周知的问题。最近，有研究揭示了木聚糖和甘露聚糖衍生的寡糖的抑制作用。这种寡糖的存在取决于预处理方法，并且还取决于降解半纤维素来源寡糖的酶制剂中的潜在内含物。

溶解的芳香族化合物，例如酚类，也可能对酶水解产生负面影响。另一个支持芳香物质是酶抑制剂的发现是纤维素分解酶的抑制作用可以通过加入硫氧阴离子如亚硫酸盐和连二亚硫酸盐而缓解，因为它们与许多芳香化合物反应但不与糖反应。此外，当硼氢化钠而不是亚硫酸盐或连二亚硫酸盐用于脱毒时，发酵微生物的抑制得到缓解，但不影响纤维素分解酶的抑制，用亚砜阴离子处理导致芳香化合物磺化，使它们反应性、负电荷和强亲水性更低。而用硼氢化钠处理使它们的反应性降低而不太改变亲水性。这说明芳香化合物在抑制纤维素分解酶方面起着重要作用，芳香物质和纤维素水解酶间的疏水相互作用是造成这一问题的原因。可溶性芳香化合物在酶抑制中的作用通过从蒸汽预处理的混合硬木中分离纤维素酶和发酵抑制剂研究中得到进一步证实。

通过用热水和冷水洗涤分馏进一步发现，疏水性较强的酚类化合物更具抑制作用。因此，尽管对抑制纤维素分解酶的可溶性物质的鉴定值得进一步关注，但迄今为止获得的结果表明半纤维素和纤维素衍生的碳水化合物（例如单糖、二糖和三糖）和芳香物质（例如苯基化合物图）一样也具有一定贡献。

7.5 抑制的消除策略

表 7-5-1 总结了在酸性条件下预处理木质纤维素后，避免生物催化剂抑制问题的不同策略。该领域的文献非常丰富，但空间有限，表 7-5-1 提供了不同策略的实例。

7.5.1　原料选择和工程

木质纤维素生物转化的商业化主要集中在具有低顽抗性的原料上，这使得在温和条件下进行预处理成为可能。实例包括在没有添加任何酸催化剂的情况下来进行芒草和小麦秸秆水热法预处理的生物转化。操作条件导致呋喃醛和酚的浓度较低，但芒草的乙酸浓度达到 17g/kg、小麦秸秆达到 5.1g/kg。在糖平台概念下比较重要的是原料天然品种的收集，例如毛胡杨，可以筛选出低顽固性的品种。原料工程目标是针对木质素、半纤维素和果胶等组分，是另外一种方法来降低降解顽固性，减少抑制剂释放。通过选择或工程化植物得到低乙酰基含量的植物，可以降低形成达到抑制浓度的乙酸的风险。这些策略主要涉及短周期作物，专用于通过糖平台进行生物精炼。

7.5.2　脱毒

木质纤维素水解物和残渣的解毒或调节是对抗抑制问题最有效的方法之一，使用化学添加剂，例如碱、还原剂和聚合物，其他可能的方法是使用酶处理、加热和蒸发、液-液萃取和液-固萃取。液-固萃取涵盖了化学处理技术。许多脱毒方法的缺点是需要加一个分离步骤。还原剂的添加和 PEI 聚合物吸附，应与生物催化转化步骤相容。使用一些还原剂具有额外的优势，例如硫氧化阴离子亚硫酸盐和连二亚硫酸盐，它们可改善纤维素的可发酵性和纤维素的酶解转化。

表 7-5-1　克服酸性条件下预处理过程中形成的可溶性木质纤维素衍生抑制剂问题的策略综述

策略	方法（实例）	缺陷
原料选择与工程	使用低顽固性原料，预处理期间产生较少抑制剂	希望使用广泛的原料；糖平台法生物精炼专用短周期作物的选择
脱毒	化学添加剂如：碱处理、还原剂、聚合物	需要更多的化学品；一些方法需要额外的工艺步骤

策略	方法（实例）	缺陷
生物消除/培养方案	微生物处理，SSF/CBP降低糖的反馈抑制作用；加大接种量	耗时且影响糖含量，对产率和得率有影响；加大接种量会增加工业工程的成本
微生物的选择	从自然或工业环境中筛选微生物	应主要根据具体生产率和产品产量进行选择
进化工程	使用特定抑制剂和木质纤维素水解液的适应性进化	抑制问题取决于原料、预处理条件
遗传/代谢工程	酚醛、糠醛和羧酸抗性工程菌	基于高斯混合模型的工艺

虽然有多种方法可以进行脱毒，但考虑到工艺、能源需求、设备、性能在乙醇成本中的占比，只有很少的方法是技术经济可行的。例如，最近有人研究了蒸汽预处理的挪威云杉通过与酿酒酵母同时糖化发酵（SSF）的生物转化中使用了亚硫酸钠调节步骤。研究表明，如果酵母接种量降低约0.7g/L（干重）或者降低酶加量1FPU/g水不溶性固体，那么亚硫酸钠调剂在经济上是可行的。这些阈值远低于研究中发现的亚硫酸钠调节增益。该方法在10m³生物反应器规模的生物炼制示范工厂中得到了验证。试验还表明，在相同的酵母和酶加量条件下，亚硫酸钠处理可将SSF时间从72h缩短到24h，而不影响乙醇的总收率。将年产60000m³乙醇的工厂生产时间从72h缩短到24h，将导致生物反应器的数量从7个减少到3个，这将导致投资成本降低相当于1000~1140万美元，这明显超过了添加亚硫酸钠的成本。

有人提出了一个全面的技术经济模型，详细描述了通过稀酸预处理、酶解糖化、与重组运动发酵单胞菌菌株共发酵，从玉米秸秆生产乙醇的整个过程的物质和能量平衡以及资本和运营成本。该模型假定工厂规模为每天2000t乙醇，可以量化单个转化性能指标的经济性，并解决了用氢氧化铵替代石灰的问题，这消除了显著的糖损失和石膏废物处理，并可以处理整个浆料而无需液固分离步骤。这使得氨调节比石灰调节更经济，尽管氨的成本比石灰高，并且尽管由于残留在蒸馏釜中的铵盐含量高而需要重新设计废水处理部分。

杜克等人最近报道了一项对不同农业废弃物通过酸预处理、酶水解、毕赤酵母和酿酒酵母发酵、蒸馏和分子筛脱水生产无水乙醇的经济分析。该研究以 1000kg/h 原料进料速度模拟产生的物料和能量平衡为基础，研究了每个阶段的能耗、设备特性和公用设施要求，包括活性炭解毒，乙醇生产成本约为 0.65 美元/L。

7.5.3　生物消除

微生物处理，也称为生物消除，可用于提高纤维素的可发酵性和酶水解转化率。生物消除的难点在于微生物处理需要时间，以及微生物消耗糖并降低总的产品得率。

7.5.4　培养方案

生物转化过程可以设计得使其不太容易出现抑制问题。通过同时进行纤维素酶水解和微生物发酵，可以避免纤维素酶的产物抑制。最近研究的工艺设计包括补料分批模式的 SSF（同步糖化和发酵）和 CBP（整合生物工艺）。其中发酵微生物也有助于酶的供应。基本工艺设计的改良包括对产率、收率和最终产品浓度的影响。较大的接种量可以消除抑制。但是，微生物是总工艺成本的重要部分。

筛选从天然或工业环境中收集的微生物可用于识别对抑制剂具有高抗性的菌株。从葡萄酒厂葡萄渣中收集的酿酒酵母菌株的研究表明，该菌株对脂肪酸、呋喃醛和甘蔗渣水解物具有相对高的抗性。对 90 株酵母菌的筛选包括评估对乙酸、甲酸、糠醛、羟甲基糠醛和香草醛的耐受性。一个重要的问题是微生物的比生产率，因为对抑制剂的抗性不足以使微生物适合于工业生产过程。

7.5.5　进化工程

通过适应性进化可以提高所选发酵微生物的抑制物抗性。进化工程的最近实例包括对云杉木材水解液、玉米秸秆水解液和黑小麦秸秆水解液表现出更高抗性的酵母菌株。

7.5.6　遗传和代谢工程

利用基因工程技术，已开发出对木质纤维素水解液具有抗性的重组微生物。表达白腐真菌云芝漆酶的酿酒酵母对云杉木材水解物表现出增强的抗性。大肠杆菌对糠醛抗性的工程菌对甘蔗渣水解物的抗性提高。当酵母在由大量酵母提取物和蛋白胨补充的木质纤维素水解产物中培养时，转醛酶和醇脱氢酶在酿酒酵母中的过度表达导致乙醇产量的少量增加。收率的提高归因于糠醛存在下性能的改善。尽管水解产物的糠醛含量仅为7.8mM。通过提高转醛酶和甲酸脱氢酶的活性，酿酒酵母工程菌对乙酸和甲酸的抗性增强，并利用稻草水解物研究了酵母的性能。Guadalupe Medina 等人删除编码甘油-3-磷酸脱氢酶的蜡状芽孢杆菌基因，并从大肠杆菌中表达乙酰化乙醛脱氢酶，利用抑制物乙酸转化为乙醇并消除菌株在厌氧培养中甘油形成的途径，从而在高糖培养基中产生少量甘油并改善性能。Wei 等人通过乙酰化乙醛脱氢酶的表达将乙酸转化为乙醇的途径与通过木糖还原酶和木糖醇脱氢酶的表达实现木糖的循环利用的途径相结合。

尽管有许多关于菌株选择、进化工程和代谢工程以提高微生物抗性的研究，但所得微生物菌株的性能相对于其他微生物或其他比较成熟的脱毒方法如碱处理是很少用来作为基准的。对云杉木材水解液发酵的工程微生物和其他毒的比较表明，尽管工程微生物大大增强了其对抑制剂的抗性，但化学脱毒是一种更有效的方法，能达到可与不含抑制剂的培养基相比的发酵度。

7.6　结论

随着人们对原料抗性的认识不断提高，原料工程已成为一个快速发展的领域。预处理产生的未知抑制物质的鉴定和表征仍是一个发展中的领域。最近开发了无需单独工艺步骤的化学脱毒的新方法，并准备用于工业化生产。在一些已知的抑制剂方面，修饰的生物催化剂的筛选与工程应用已经取得了进展，但是需要作出更多的努力来涵盖所有的抑制物，并对工程菌株进行基准测试。

参考文献

参考文献

[1]李淑君.植物纤维水解技术[M].北京:化学工业出版社,2009.

[2]姜岷,曲音波.非粮生物质炼制技术[M].北京:化学工业出版社,2018.

[3]曲音波.木质纤维素降解酶与生物炼制[M].北京:化学工业出版社,2011.

[4]高锦明.植物化学[M].2版.北京:科学出版社,2012.

[5]娄红祥.苔藓植物化学与生物学[M].北京:科学技术出版社,2006.

[6]师彦平.单萜和倍半萜化学[M].北京:化学工业出版社,2008.

[7]孙汉董,黎胜红.二萜化学[M].北京:化学工业出版社,2012.

[8]谭仁祥.植物成分分析[M].北京:科学出版社,2002.

[9]贺近恪,李启基.林产化学工业全书[M].北京:中国林业出版社,2001.

[10]杨淑慧.植物纤维化学[M].3版.北京:中国轻工业出版社,2003.

[11]安鑫南.林产化学工艺学[M].北京:中国林业出版社,2002.

[12]李坚.生物质复合材料学[M].北京:科学出版社,2008.

[13]王伟东.木质纤维素分解复合菌系及其在农业废弃物资源化中的应用[M].北京:科学出版社,2017.

[14]马隆龙.木质纤维素化工技术及应用[M].北京:科学出版社,2010.

[15]凌宏志.木质纤维素全糖生物转化生产大宗化学品[M].哈尔滨:黑龙江大学出版社,2016.

[16]欧荣贤,王清文.基于动态塑化的木质纤维塑性加工原理[M].北京:科学出版社,2016.

[17]张百良.生物能源技术与工程化[M].北京:科学出版社,2009.

[18]张海清.生物能源概论[M].北京:科学出版社,2018.

[19]赵军.生物能源产业生态系统研究[M].北京:科学出版社,2015.

[20]鲍杰译.现代生物能源技术[M].北京:科学出版社,2018.

[21]刘灿.生物质能源[M].北京:电子工业出版社,2016.

[22]肖明松,王孟杰.燃料乙醇生产技术与工程建设[M].北京:人民邮电出版社,2010.

[23]马晓建.燃料乙醇生产与应用技术[M].北京:化学工业出版社,2007.

[24]刘荣厚.燃料乙醇的制取工艺与实例[M].北京:化学工业出版社,2008.

[25]廖威.燃料乙醇生产技术[M].北京:化学工业出版社,2014.

[26]夏训峰,张军,席北斗.基于生命周期的燃料乙醇评价及政策研究[M].北京:中国环境出版社,2012.

[27]张卫明,肖正春,史劲松.中国植物胶资源开发研究与利用[M].南京:东南大学出版社,2008.

[28]Galbe M,Sassner P,Wingren A,et al. Process engineering economics of bioethanol production[J]. Advances in Biochemical Engineering/Biotechnology,2007,108:303−327.

[29]Lynd L R,Laser M S,Bransby D. How biotech can transform biofuels[J]. NatureBiotechnology,2008,26(2):169−172.

[30]Zhang J,Chu D Q,Huang J. Simultaneous saccharification and ethanol fermentation at high corn stover solids loading in a helical stirring bioreactor[J]. Biotechnology and Bioengineering,2010,105(4):718−728.

[31]Fang X,Shen Y. Status and prospect of lignocellulosic bioethanol production in China[J]. Biuresource Technology,2010,101(13):4814−4819.

[32]胡湛波,柴欣生,王景全,等.以制浆造纸产业为平台的生物炼制新模式[J].化学进展,2008,20(9):1439−1446.

[33]康振,耿艳萍,张园园,等.好氧发酵生产琥珀酸工程菌株的构建[J].生物工程学报,2008,24(12):2081−2085.

[34]杨英歌,李文,柳丹,等.氮离子注入选育高校发酵木糖生产 L(+)−乳酸的米根霉[J].辐射研究与辐射工艺学报,2007,25(2):80−84.

[35]叶阳.2006 年我国天然药物化学研究进展[J].中国天然药物,2008,61:70−78.

[36]陈洪章,王岚.生物基产品制备关键过程及其生态产业链集成的研究进展[J].过程工程学报,2008,8(4):676−681.